鱼!虾!蟹!

灯芯绒◎著

北京科学技术出版社

前　言

　　我是一个土生土长的文登人。说文登，可能很多人不知道这个地方，但说威海，您应该是知道的吧？文登隶属山东省威海市，位于山东半岛东部，与韩国隔海相望，是一个典型的北方沿海小城，拥有156公里海岸线，气候宜人，海产丰富。我们的日常饮食几乎顿顿离不开海鲜，因此，我博客里记录的美食大多与海鲜相关，具有浓郁的沿海风味。

　　经常有朋友通过网络向我咨询各种海鲜的做法，每次我都知无不言、言无不尽。有一天北京科学技术出版社的张晓燕编辑找到我，说想约我写一本介绍海鲜的书。我想，与其在网络里单独和网友交流，不如把自己这些年做海鲜、吃海鲜的经验和窍门写在书里，与更多的朋友分享。

　　买食材、做新菜、拍照片，做这些准备工作时正值盛夏。为了创作出以鱼为主的新菜，从采买、准备到烹饪，整个过程漫长而烦琐。等到菜出锅，成品被摆到阳台上那个简易的摄影棚中时，炙热的阳光和高温让端着大相机的我汗如雨下，常常一道菜的成品图一拍完我就不得不换身衣裳。而之后的整理、选片、编辑、撰文，每一个环节都考验耐心。但一想到有那么多爱吃海鲜却不知道该怎么做的朋友能在这本书的启发和帮助下成功地做出色香味俱全的海鲜，我的心中便不由得涌出阵阵喜悦。

　　这本书的步骤图非常清晰，文字说明详尽，几乎每一个步骤后面都添加了详细的说明，让您一看就明了该怎样操作以及为什么这样做。即使您是一个厨房新手，依照这本书中的步骤来操作，也能轻松做出一道道可口的菜肴。

　　我为这本书做了很多努力，但我毕竟不是烹饪界的专业人士，我在书中介绍的只是自己多年来积累的下厨经验，这些烹饪方法家常、简单、实用。若您有意见和更好的建议，欢迎您访问我的博客（http://blog.sina.com.cn/houtianfang）、关注我的微博（@灯芯绒）和微信公众号（dengxinrongmeishi），咱们可以相互交流。

灯芯绒

目录

CONTENTS

第三章

调味加汁，鱼肉添香

第四章

家常炖炒，念念不忘

第五章

香辣开胃，拯救食欲

第六章

煎炸烘烤，活色生香

第一章
基础知识

食材挑选

成就好味道的首要条件是使用好食材。对海河鲜而言，食材的新鲜度对菜品的品质尤为重要。新鲜优质的食材，加上适宜的调味和适度的烹饪，才能成就一道上乘的美味。

如何在市场里挑选鱼？自然是选择鲜活的鱼。要想吃到鲜活的养殖鱼很容易，但若想吃到鲜活的野生鱼，大多数人却没有这个条件。在海河鲜市场，面对种类繁多、质量参差不齐的鱼，如何鉴别它们的质量？怎样才能买到新鲜的鱼？这里面有些基本常识，需要煮妇（夫）们掌握。

1. 看鱼眼

眼睛清亮、微凸而且黑白分明，证明鱼很新鲜；眼睛浑浊、起皱，眼内有瘀血，说明鱼已经不新鲜了。

2. 检查鱼鳃

翻开鱼鳃，若鳃丝清晰、颜色鲜红、黏液透明、有海鱼的咸腥味或淡水鱼的土腥味且没异味，证明鱼新鲜；不新鲜的鱼，鳃色发暗，呈灰红色或灰紫色，且黏液腥臭。要注意排除人工染色的鱼，可以用手轻摸鱼鳃，若掉色就说明是人工染色的鱼。

3. 摸鱼身

新鲜鱼的身体表面有透明的黏液，鳞片完整且有光泽，与鱼皮紧贴，不易脱落；若表面的黏液黏腻而浑浊，鳞片光泽度差而且很容易脱落，就证明鱼已经不新鲜了。

4. 试弹性

用手指轻轻按压鱼身，若结实而有弹性，指压凹陷立即消失，证明鱼新鲜；若鱼肉松弛，指压凹陷消失得较慢甚至不消失，就证明鱼已经不新鲜了。

5. 看鱼腹

新鲜鱼的腹部不膨胀，肛孔呈白色且凹陷；不新鲜的鱼，肛孔稍稍凸出；特别不新鲜的鱼，腹部膨胀甚至爆裂。

食材处理

鱼选好了，接下来就是处理了。

1. 去鳞

如今许多家庭厨房备有专用的鱼鳞刮除器，没有的话，可以用刀刃、刀背或者剪刀刮除鱼鳞。

刮鱼鳞的时候，一般是一手摁住鱼头，另一手从鱼尾朝鱼头刮，又方便又快。

但需要注意的是，鱼要放在案板上而不是光滑的台面上。最好手拿干净的毛巾或厨房专用纸摁住鱼身，否则鱼身上的水和滑溜的鱼鳞有可能使工具打滑而伤到手。

鱼头、鱼腹、鱼鳍和鱼尾附近的鳞片多细小而牢固，很容易被忽视，也不容易刮干净，需要用工具逆向仔细刮，才能彻底清除，所以刮鱼鳞的时候要特别注意。

鱼鳞清除得不彻底，会使鱼腥味偏重，严重影响口感和味道。

2. 去鳃

鱼鳃表面沉积着很多不洁甚至有毒的物质，所以一定要彻底清除。

清理的时候，先把鱼的鳃盖掀开，然后用厨房专用剪刀或直接用手把红色的扇形鱼鳃全部剪掉或者拽出来，再用清水冲洗鳃部。有些鱼鳃上有倒刺，用手直接拽容易受伤，而且大鱼的鱼鳃也不太容易整个儿拽出来，所以准备一把好用的厨房剪刀很有必要。有时候拽出来的鱼鳃不完整，还有小段鱼鳃留在鱼头里，所以清洗的时候一定要仔细检查一遍。

鱼鳃清除得不彻底，一是会有腥味，二是可能有沙子，自然会影响菜品的口感和味道。

3. 去鳍

鱼鳍的腥味很重，所以烹饪之前，需要把鱼鳍齐根剪掉。有时候为了菜品的完整和美观，会保留一部分背鳍和尾鳍。

4. 去内脏

从靠近鱼尾的肛孔剪开鱼腹，剪的时候把鱼肉微微挑高一点儿，免得把内脏剪破。鱼腹被剪开后，手从开口处伸进去，手背要紧贴腹内一侧的鱼肉，然后把全部脏器一次性掏出来。注意，往外掏内脏的时候，手要呈握球状，不要用力抓捏内脏，否则容易把内脏弄破，从而把鱼肉弄脏。有的鱼内脏与鱼头、鱼身相连之处不容易拽断，此时可以用剪刀剪断，然后掏出内脏。

5. 冲洗

清除内脏后，要马上用流水冲洗鱼，特别是鱼腹腔内靠近脊骨的瘀血，一定要仔细清除。鱼腹内的一层黑膜也要小心刮除。瘀血和黑膜若不去除干净，鱼的腥味重，影响菜品的品质。

6. 去水

冲洗干净的鱼要先去水。如果不急着下锅，可将鱼放在通风处自然晾干；如果要马上烹饪的话，可用干净的毛巾或厨房专用纸擦去鱼表面和腹内的水。

7. 分割处理

如果鱼比较大，我们一般会把鱼头、鱼尾和鱼身分开烹饪。

鱼头和鱼尾根据自己的需要直接用刀剁下即可。

大鱼头需要从中间纵向劈开，以便烹饪和入味。

鱼尾可以用刀纵向切开，也可以横打一字花刀。

我们可以使用整条鱼，也可以只用净鱼肉。取净鱼肉的时候，先将鱼平放在案板上，一手摁住鱼身，另一手从鱼尾入刀，紧贴脊骨，朝着鱼头水平切。片完一面后，翻转鱼身，用同样的方法片另一面。这样，净鱼肉就被完整片下来了。

片下来的整片鱼肉留有大的鱼刺，可以用刀斜着一次性去掉。

片下的净鱼肉，可以根据需要切成片状、条状或块状，或者直接去皮取肉，剁成鱼肉馅。

鱼身可以双面斜打一字花刀，鱼肉太厚实的话，可以打十字花刀，以便鱼肉熟透和入味。

用鱼肉剁馅必须把鱼皮去掉，因为鱼皮颜色深、腥味重，若剁在馅料里，会影响成品的色泽、口感和味道。去皮取肉非常简单：将整片鱼肉平铺在案板上，使有鱼皮的一面贴着案板，一手按住鱼肉，一手用刀或薄一点儿的金属勺子从鱼皮上片下或刮下鱼肉即可。

基本调味品

新鲜的、品质好的海河鲜无须使用很多调味品，以免掩盖其本身特有的鲜味。这类海河鲜烹制时只用盐调味才能烹出其最本真的鲜味。

腥味重或者不是特别新鲜的海河鲜需要多加些调味品来烹制，最好使用八角、花椒、辣椒、郫县豆瓣酱、四川泡菜、泡椒等口味较重的调味品，只有这样才能有效去腥、提鲜和增香。

除了盐、酱油、料酒、糖和味精这些基本调味品之外，其他调味品可以根据自己的口味和饮食习惯自由选择和组合。

我经常用的调味品有：盐、酱油（黄豆酱油、生抽、老抽）、酒（白酒、料酒、黄酒、啤酒）、糖（白糖、冰糖）、味精、醋（米醋、山西陈醋和镇江香醋）、蒸鱼豉油、葱、姜、蒜、洋葱、香菜、花椒、干红辣椒、野山椒、辣椒粉、白胡椒粉、黑胡椒粒、孜然粉、孜然粒。

我还会用酱料来调味，常用的有：郫县豆瓣酱、老干妈鸡油辣椒、红腐乳、黄豆酱、豆豉、番茄酱。

基本做法的注意事项

1. 蒸

❖ 蒸鱼的首要条件是鱼新鲜。

❖ 鱼一般需要提前腌一下，去腥入味。特别新鲜的鱼可以不提前腌，直接入锅蒸。

❖ 鱼必须在水烧开后下锅，开大火蒸，因为高温能瞬间锁住鱼肉的水分，保证鱼的鲜味和营养不流失。

❖ 蒸鱼的时间要掌握好，时间太短蒸不透，太长则影响口感。具体时长不能一概而论，需要根据鱼的大小和鱼肉的厚薄灵活调整。一般情况下，普通大小的鱼大火蒸5～8分钟；稍大的鱼大火蒸12～15分钟；特别大的鱼要分割后再蒸，这样更容易熟透和入味。

❖ 鱼越新鲜，所需的调味品就越少。

❖ 蒸鱼最基本的调味品是盐、料酒、蒸鱼豉油、葱、姜和蒜。

❖ 除了基本调味品外，还可以选用自己喜欢的其他调味品，比如豆豉、剁椒、泡椒、豆瓣酱、腐乳等来丰富和变换口味。可以只选一种调味品，也可以任意组合，视自己的口味、喜好定夺即可。

❖ 尽量不要在蒸的时候就把酱料浇在鱼身上，因为在高温作用下，酱料与其他原料混合后会使鱼的口感和味道发生一些微妙的变化。可以把酱料单独盛在小碗里，和鱼一起入锅蒸。蒸好后，先倒掉鱼盘里的水，然后把热酱料浇在鱼身上，这样蒸出来的鱼口感和味道才是最佳的。

❖ 蒸鱼的点睛之笔是最后一步的热油浇淋。若是从健康少油的角度考虑，这一步可以省略；若要使味道更好，这一步则必不可少。热油浇淋会让鱼的口感和味道更上一层楼。

❖ 浇热油的方法很多：可以将热清油浇在葱花、姜丝和蒜末上，充分激发它们的香味，让鱼在保持鲜嫩的基础上增加一抹香醇；也可以用花椒或干红辣椒等炸成花椒油或辣椒油后浇在鱼上，这样鱼鲜香的味道会更有层次感。

❖ 若喜欢嫩一些的煎鱼，煎至鱼表皮微黄、内部熟透即可；喜欢外酥里嫩的，可以适当延长煎的时间，而且用的油要比平常做菜时用的多一点儿，这样效果才会好。

❖ 煎好的鱼可以直接吃，也可以撒上椒盐、黑胡椒粉、辣椒粉等食用，还可以蘸番茄酱、泰式甜辣酱等自己喜欢的酱料食用。

❖ 煎好鱼后趁热烹入酒、醋、酱油等调味品，再加一点儿热水，待鱼吸足汤汁后出锅，滋味会更丰富。

2. 煎

❖ 煎鱼最重要的是不要让鱼破皮。相关窍门会在"我的经验集锦"中详述。

❖ 个头小、鱼身薄的鱼更适合煎着吃。

❖ 大鱼要分割成小块或者薄片后再煎，这样更容易煎熟和入味。

❖ 鱼在煎之前要简单腌一下，盐、酒、白胡椒粉、葱和姜是腌鱼时用到的基本调味品。腌的时间以10分钟为宜，不可太久，否则鱼肉会变硬。

3. 炸

❖ 鱼下锅炸之前，要去除表面和腹内的水：可以将其自然晾干，也可以用干净的毛巾或厨房专用纸擦干。带水下锅易溅油，而且也不容易炸透。

❖ 鱼身上裹层干粉或者挂层面糊，油炸时更容易定型。

❖ 炸鱼的油要多些。在家中炸鱼，要想不费油，可以选用直径小且有一定深度的锅，这样炸鱼时可一次放少量，分多次炸。

❖ 至少要等到油七八成热后再下鱼，这样鱼下锅后会迅速浮起，快速炸至定型。若油温太低，鱼下锅后容易粘连，而且吃油多，不容易炸黄、炸透。

❖ 鱼要一条一条或一片一片地下锅，这样一是不粘连，二是更容易炸熟、炸透。

❖ 鱼刚下锅还没浮起时，不要急着翻面，否则会把鱼弄碎。等鱼浮上来后再翻面。

❖ 鱼一般要炸两次，第一次只是炸熟，炸至微有黄色，一定型便捞出控油。待锅里的油烧至表面微有青烟，将鱼下锅复炸。第二次炸制可以使鱼口感酥脆，并且可以逼出鱼身上的部分油脂，减少油腻感，提升鱼的口感和味道。复炸时间不可过长，看到鱼的表皮变成金黄色，就要马上捞出控油。

❖ 不可一次炸太多鱼，因为即便是温度再高的油，一次放太多鱼温度也会迅速降低，这样就很难把鱼炸酥脆。分次炸，一次少放些，才能炸得又快又好。

❖ 炸好的鱼可以用吸油纸吸掉表面的油，然后装盘上桌。

4 炖

❖ 炖鱼时不能太早加盐，盐能杀水，并让鱼肉迅速收紧，失去嫩滑的口感；起锅的时候加盐虽然更有利于保留营养，但是会导致鱼肉味道寡淡。所以，鱼熟透、收汁过半的时候，才是加盐的最佳时机。加盐后继续炖一会儿，鱼肉不老还入味。若用酒调味，要选择锅最热的时候沿锅边烹入，因为高温会使酒精迅速蒸发，带走腥味，增加香味。

❖ 因为鱼提前煎过或炸过，所以在烧或炖的过程中一定要用热水，不要用冷水。如果用冷水，鱼肉会迅速变硬，而且腥味重。

❖ 水尽量一次加足，不要中途反复加，否则会让鱼的鲜味流失。即便万不得已要中途加水，也要记得加热水。

❖ 炖鱼时，水或高汤都不要加太多，刚刚没过鱼身就好。炖特别新鲜、鱼身薄、个头不大的鱼（比如新鲜的小黄花鱼或带鱼）时，水还要放少些，因为它们不能炖太久，否则会变老。

❖ 炖鱼的其他细节和要点在之后的"我的经验集锦"中会谈到。

5. 煲汤

❖ 用来煲汤的鱼一定要新鲜。

❖ 先把鱼煎至定型、两面微黄，然后添加热水熬汤，这样味道会更加鲜美醇厚。

❖ 想要汤清的话，煮沸之后用小火煲；想要汤白的话，煮沸之后继续用大火煲。

❖ 撇鱼汤表面的浮沫和杂质时一定要有耐心，因为这是去腥的重要步骤。

❖ 用鲜鱼煲汤，要在出锅前调味。除了盐和白胡椒粉外，尽量少加其他调味品，以免掩盖鱼本身的鲜味。

❖ 可以选用香菇、白萝卜、笋、雪里蕻、酸菜等和鲜鱼一起煲汤，这样可以使汤的营养更丰富，滋味更鲜美。

我的经验集锦

摸锅碗瓢盆摸久了，每个人都会有一套属于自己的实用烹饪小窍门。这些窍门不管是用来做南方菜还是北方菜，不管是用来做宴会菜还是家常菜，不管是用来做复杂的菜还是简单的菜，不管是用来做正宗的菜还是改良的菜，让菜品更好吃，让制作更容易，都是永远不变的宗旨。

怎么做鱼才好吃？

1. 选择新鲜的鱼

不新鲜的鱼，本身的鲜味和水分已经大量流失，就算烹饪手段再高明，做出的菜也不尽如人意。

（1）蒸鱼时尽量选用活鱼。特别是淡水鱼，清蒸时一定要选择活鱼现杀。

（2）要清蒸海鱼时即便没有条件选活鱼，也要尽可能选择新鲜的鱼。不新鲜或冷冻久了的鱼腥味重、肉质紧，不适合清蒸。

2. 清洗干净

（1）鱼鳞要去除干净，头部、腹部、尾部和靠近鱼鳍的鱼鳞更要仔细去除。

（2）鱼鳍要齐根剪掉。

（3）鱼的鳃要彻底清除，不留死角。

（4）取出内脏后，要彻底清除腹内靠近脊骨的瘀血，然后用流水清洗干净。

（5）鱼腹内的黑膜一定要刮干净。

鱼鳞、鱼鳍、鱼鳃、鱼血和腹内黑膜若没清除干净，鱼的腥味会很重，影响菜品的品质。

（6）有些鱼表面有黏液，下锅之前还要把这层黏液处理一下。一种方法是用盐或者醋搓洗，然后冲洗沥干；还有一种方法就是将鱼焯水，这一招对去黏去腥很管用。这样的鱼有鲶鱼、黄辣丁、鳝鱼等。

3. 去除鱼表面和腹内的水

无论做哪种鱼，只要有过油的程序，就一定要把水去除干净。带水下锅，一是会溅油，二是鱼腥味重，三是容易粘锅，四是影响菜品的口感和味道。

洗好的鱼沥干后，有条件的话可放在通风处自然晾干，没条件的话可以用干净的毛巾或厨房专用纸擦干鱼表面和腹内的水。

4. 煎鱼不破皮

这是一个困扰很多厨房新手的难题。其实，这难题说难也不难，我是这么解决的：

（1）先把锅烧热，然后放油，油烧热后下入擦干的鱼。鱼下锅以后用大火煎，这样鱼皮才会迅速变硬。鱼刚下锅的时候，不要马上动它，用大火煎20秒后，可以晃动锅，也可以用铲子轻碰鱼身试探一下，只有鱼可以在油锅里滑动时才能翻面。这样做，鱼皮绝对能保持完整。

（2）时间紧或者偶尔操作不当会导致鱼粘在锅底，这时候不要沮丧，更不要强行去铲它，而应马上把火关掉，把锅从灶上挪开。等一小会儿，锅降温就很容易把鱼完整地铲起来了。

（3）在鱼身上均匀地拍一层干粉（可以是面粉，也可以是淀粉），鱼下锅之前轻轻把多余的干粉抖掉，这样鱼不仅不会粘锅，还很容易煎黄，变得外酥里嫩。还可以给鱼挂一层湿面糊后再下入热油中煎或炸，这也是一个不错的方法。

（4）鱼多的话，尽量选大锅，一次煎较少的鱼。鱼与鱼之间要留一定的空隙，不能让鱼在锅里铺得满满的。如果锅里的鱼太多，即便油已经被烧得很热了，温度也会骤降，这样鱼皮肯定不容易迅速煎硬、煎黄，更不要说鱼能被完整地铲起来了。有很多鱼要煎的话，可以分拨煎，一拨煎好了再煎下一拨，这样才能煎得又快又好。

5. 制作时的注意事项

❖ 用葱、姜、蒜、辣椒、花椒或者其他调味品炝锅的时候，要用小火慢慢煸炒，待其香味充分释放，再下主料或高汤，这样菜品的香味才会浓郁。但要注意，不能煸炒过度。葱、姜、蒜变为淡黄色，干红辣椒变成红棕色时，火候正好。

❖ 有的烹饪过程中会用到一些酱料，比如郫县豆瓣酱、老干妈辣酱等。酱料最好用热油炒一下再加，不要直接加在汤水中。因为经过热油煸炒的酱料，酱香味会充分释放，味道会更加浓郁，颜色也更加漂亮。需要注意的是，煸炒酱料的时候，放的油要比平常做菜多一些，这样才能炒出漂亮的红油。另外，要全程用小火炒，这样才不会煳锅。下主料或者添汤的时候，转成大火即可。

❖ 料酒和黄酒要在锅内温度最高的时候沿着锅边烹入，因为高温会使酒精迅速蒸发，使其去除腥味、增加香味的效果更加明显。

❖ 煲汤或者炖的时候，因为鱼已经煎过或炸过，所以烹制过程中一定要用热水，不要用冷水。冷水加进去，鱼肉会迅速变硬，而且腥味重。

❖ 烹鱼过程中水尽量一次加足，即使中途加水也要加热水。

❖ 炖鱼时，添加水或高汤的量都不要太多。特别新鲜、鱼身薄、个头不大的鱼，水的添加量还要更少些。

❖ 炖整条鱼（特别是大一点儿的鱼）的时候，中途要翻面，以便鱼肉充分入味。但给大鱼翻面时做到鱼肉不碎，不仅对新手来说是个难题，对厨房高手来说也不容易。有个取巧的方法可以解决这个问题：在炖鱼的过程中，不时用勺子舀起锅里的汤汁，往鱼没有浸在汤里的部分上浇。这样，无论是下面的鱼肉，还是上面的鱼肉，都会入味，而且你也不用担心因翻面而让鱼"破相"了。

❖ 鱼出锅之前要用大火收汁，直至汤汁黏稠、裹紧鱼身。喜欢汤多的话，可以适当多留些汤汁。但是，鱼汤太多的话会影响菜品的品相和口感。

❖ 收汁的时候，勾薄芡，然后淋入香油或热猪油等，这会让菜品的品相和味道更上一层楼。但在家中做菜时，我不建议淋明油，还是以少油为佳。

❖ 烧好的鱼要出锅了，这时也不能马虎。做得好好的鱼，若是不小心铲碎了，就算味道再好，也有点儿影响情绪不是？鱼起锅的时候，小鱼可以用宽锅铲直接铲起，放入盘中。盘子要紧挨着锅铲，不要用锅铲铲起后送到很远的盘子里。大鱼做好后，要想使鱼身保持完整美观，可以倾斜锅身，用锅铲把鱼和汤汁一起拨入盘中。

❖ 炖鱼时，不要着急加盐。收汁过半的时候，才是加盐的最佳时机。加入盐后继续炖一会儿，鱼肉口感更细嫩、味道更香浓。

第二章

清蒸水煮，最留鲜味

清蒸偏口鱼

口味特色	偏口鱼，也就是比目鱼，鱼身扁平，肉质细腻，很适合清蒸。这道清蒸偏口鱼，鱼肉细腻滑嫩，浇汁鲜美爽口，很值得一试。
原　　料	偏口鱼1条，新鲜红辣椒2个，料酒、盐、白胡椒粉、蒸鱼豉油、大葱、小葱、姜、香菜适量

制作过程

1. 新鲜的偏口鱼去鳞去鳃去内脏，清洗干净，沥干。

❖ 清洗的时候，鱼腹内的瘀血一定要清除干净，否则腥味重。

2. 双面斜打一字花刀。

❖ 两面都打上花刀，鱼更容易入味。每隔2厘米左右斜切一下，不必切太深，可以触及鱼骨但不能切断，否则高温加热后鱼易变形。

3. 用料酒、盐和白胡椒粉腌10分钟。

❖ 蒸鱼提前腌制，一是为了去腥，二是为了入味。但因为盐有凝聚蛋白质的作用，所以腌制时间不可过长，以10分钟为宜，否则鱼肉会发硬，影响口感。

4. 盘底铺上姜片和葱段。

❖ 生姜和大葱都可以去腥，大葱还可以增香。

5. 把腌好的鱼沥干，放进鱼盘。

❖ 腌鱼时腌出的水腥味重，所以鱼要沥干，也可以用厨房专用纸擦干鱼身，然后放入盘中。

6. 坐锅烧水，水开后放入鱼盘。

❖ 蒸鱼要开水下锅，这样口感才鲜嫩。

7. 大火蒸6分钟关火，虚蒸2分钟开锅。

❖ 用大火蒸才可以瞬间锁住鱼肉的水分，保证营养和鲜味不流失。

8. 倒掉鱼盘里的水，在鱼身上撒红辣椒丝和香菜段。

❖ 蒸出的水腥味重，所以要倒掉。

9. 热锅内倒入冷油，油热后，下入蒸鱼豉油和一点点热水烧开。

❖ 烧热的蒸鱼豉油味道更加鲜美，加水是为了稀释，使咸鲜味恰到好处。

10. 将热汁浇在蒸好的鱼身上即可。

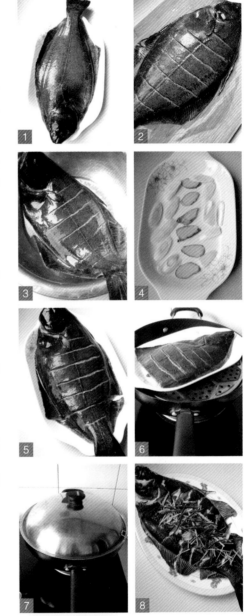

 特别关注

1. 蒸鱼一定要选用新鲜的鱼，冷冻过的或是不太新鲜的鱼不适合清蒸，而适合采用红烧或其他使用重口味调味品的烹饪方法。

2. 蒸鱼时间视鱼的大小厚薄而定，小鱼蒸3～5分钟，中等大小的鱼蒸6～8分钟，大点儿的鱼蒸10～12分钟。太大、太厚的鱼不适合直接蒸，可以分割开来或者片成鱼片再蒸。

清蒸多宝鱼

口味特色 多宝鱼肉质鲜嫩，口感清爽，营养丰富，非常适合清蒸。多宝鱼清蒸是最常用的做法，经过蒸制的多宝鱼不仅味道鲜美，还有滋补养生的功效。

原　料 多宝鱼1条，干红辣椒2个，盐、料酒、鲜酱油、香葱、香菜、姜适量

制作过程

1. 多宝鱼去鳃去内脏，清洗干净，沥干，双面斜打一字花刀。

2. 将盐和料酒在鱼身上抹匀，腌10分钟。

3. 将香葱、姜铺在盘子底部。

4. 把腌好的鱼放在香葱和姜上。

5. 坐锅烧水，水烧开后，放入鱼盘，开大火蒸。
❖ 蒸鱼要开水下锅，开大火蒸，高温会瞬间锁住鱼的汁水和鲜味。

6. 蒸鱼的时候，另起油锅，爆香葱碎和干红辣椒碎。
❖ 煸炒香葱和干红辣椒时不要用大火，要用小火慢慢煸炒，这样不容易煳锅，还可以让香辣味释放充分。

7. 大火蒸5分钟关火，虚蒸3分钟取出。
❖ 蒸制时间长短视鱼的大小而定，小的或是扁平的鱼，蒸制时间要短些；大的、肉厚实的鱼，可以适当延长时间，灵活掌握。但无论哪种鱼都一定不要蒸久了，否则鱼肉会变老，鲜味也会大打折扣。

8. 倒掉鱼盘里蒸出的水，撒上一层香葱碎和香菜碎。
❖ 蒸出来的水要倒掉，否则腥味重。

9. 趁热浇上第6步做好的辣椒油。
❖ 现做出来的辣椒油浇在鱼身上，增香、提味，味道尤佳。

10. 利用热锅，把鲜酱油加水烧开。
❖ 加水可以稀释鲜酱油，使其咸鲜味适中。而且，把鲜酱油烧滚再使用，酱油汁没有生涩的味道，口感更佳。

11. 将酱油汁浇在鱼身上即可。

特别关注

　　蒸鱼豉油和鲜酱油可以直接浇在蒸好的鱼上，但加热之后味道更好。也可以把酱油盛入小碗中，放在锅里和鱼同时蒸。鱼出锅以后，先倒掉盘内的水，然后把碗里的酱油汁直接浇在鱼身上。

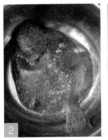

萝卜蒸带鱼

口味特色 | 带鱼和萝卜的味道很搭。将二者搭配，营养丰富，十分可口。萝卜的清香融入带鱼中，你中有我，我中有你，令人唇齿留香。

原　　料 | 带鱼2条，青萝卜1个，干红辣椒4个，猪油1勺，豆瓣酱1勺，料酒、盐、姜、葱适量

制作过程

1. 带鱼清洗干净，沥干，用盐和料酒腌10分钟。
❖ 鱼腹内靠近脊骨处的瘀血还有腹内黑膜一定要去除干净，否则腥味太重。

2. 腌好的带鱼放在透气的容器中，放在通风处，晾半天到一天，晾至鱼身表面干爽。
❖ 用透气的容器盛鱼或者直接把鱼挂起来，更容易将鱼快速晾干。

3. 青萝卜洗净，切成小片。
❖ 萝卜切条也可以，切片的话要切薄一些，这样更容易蒸熟、蒸透。蒸制时间长短视萝卜的厚度而定。

4. 晾干的鱼切成小段。

5. 盘子底部铺上萝卜片。
❖ 萝卜铺在下面，能够充分吸收鱼的咸鲜味。

6. 萝卜上面铺一层鱼段。

7. 撒上一层葱丝、姜丝和干红辣椒丝。
❖ 生姜去腥，葱和辣椒都可以提味。

8. 加1勺猪油和1勺豆瓣酱，再加点儿料酒。
❖ 萝卜喜油，用猪油来蒸这道菜，菜的口感和味道都会提升不少，但无须加太多，否则太油腻。

9. 锅中加水，鱼入锅开大火蒸，水开后继续蒸8分钟关火。
❖ 喜欢蒸菜软烂的，可以适当延长蒸制时间。

10. 虚蒸3分钟后取出，撒上葱花拌匀即可。

 **特别关注**

1. 带鱼晾干以后蒸，风味独特；也可以用马鲛鱼干或者小黄花鱼干代替带鱼。

2. 晾带鱼的时间随季节和温度的变化而调整，风大的时候晾半天就成，不要晾得太干，鱼肉半干半湿时口感最好。

3. 自己晾的带鱼，不太咸、新鲜，吃起来口感和味道好；买来的干带鱼一般较咸，用之前需要通过浸泡来减轻咸味。

4. 晒干的带鱼与萝卜的味道很搭，与茄子一起蒸，味道也不错。

培根香菇蒸鲳鱼

口味特色 培根和香菇经过煸炒后与鱼一起蒸，其鲜香味会充分浸润到鱼肉中，真是无比味美。

原　料 鲳鱼1条，培根4片，干香菇4朵，小米辣4个，葱、姜、料酒、鲜酱油、高汤、盐、糖适量

制作过程

1. 干香菇提前用温水泡软，清洗干净，挤干，切成细条。培根切条备用。

2. 鲳鱼去鳃去内脏，清洗干净，沥干，双面斜打一字花刀，放在铺了葱、姜的鱼盘中。

❖ 鲳鱼腹内的黑膜和瘀血要彻底清除，否则腥味重。鱼身上均匀地打上花刀，一是为了方便鱼熟透，二是为了使鱼更容易入味。

3. 坐锅烧水，水烧开后放入鱼盘，开大火蒸6分钟关火。

❖ 蒸鱼要开水下锅，而且全程用大火，这样才能将鱼快速蒸透，并能锁住鱼的水分，使鱼保持鲜嫩的口感。

4. 蒸鱼的时候，另起油锅，油热后，煸炒培根条和香菇条。

❖ 培根和香菇经过热油的煸炒，能使其香味充分释放。

5. 烹入料酒、鲜酱油，加入高汤煮开，用盐、糖调味。

6. 加葱花和辣椒碎。

7. 蒸好的鱼取出，倒掉盘中的水，把烧滚的高汤浇在鱼身上。

❖ 鱼盘里的水若是不倒掉的话，鱼腥味重，还会冲淡高汤的味道，降低菜品品质。

8. 入锅继续蒸3分钟，取出。

❖ 高汤浇淋之后，继续蒸几分钟，鲜香味会融入鱼肉。

 **特别关注**

1. 蒸鱼不要选太大的鱼，否则不容易蒸透，而且不容易入味。

2. 培根可以用五花肉、腊肉或者咸火腿代替。

3. 蒸鱼的时间要把握好，不可久蒸，若是蒸过火了，鱼肉就会发干、发柴，失去水嫩的口感。一般情况下，小一点儿的鱼蒸5～6分钟，中等大小的鱼蒸8～10分钟，再大一点儿的鱼蒸12～15分钟，太大、太厚的鱼可以分割成小块再蒸。

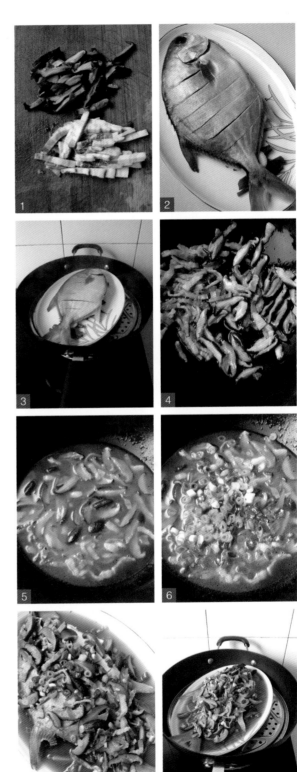

酒酿蒸黄鱼

口味特色 | 酒酿是用蒸熟的江米（糯米）拌上酒曲发酵而成的一种甜米酒，也叫醪糟。用酒酿蒸鱼，鱼肉会带有酒酿的甘甜清香，别有一番美妙滋味，使人尝一口就放不下筷子。

原 料 | 黄花鱼1条，酒酿2大勺，鲜酱油1大勺，花生油1大勺，小葱3棵，生姜1小块，盐、花雕酒、白胡椒粉、枸杞子适量

制作过程

1. 黄花鱼去鳞去鳃去内脏，清洗干净，沥干，双面斜打一字花刀，用盐、花雕酒和白胡椒粉腌10分钟。

❖ 鱼腹内的瘀血和黑膜一定要清除干净，否则腥味重。

❖ 鱼提前腌制，一是为了去腥，二是为了入味。

❖ 腌制不可过久，否则鱼肉的水分和鲜味会流失。

2. 鱼盘底部铺上部分葱丝、姜丝。

❖ 葱丝、姜丝受热后，去腥、提香的效果更显著。

3. 把鱼从腹部剖开并展开，平铺在鱼盘中。

❖ 展开再平铺，可以让鱼肉熟得更快。

4. 把酒酿均匀撒在鱼身上。

5. 坐锅烧水，水烧开后，放入鱼盘，开大火蒸5分钟关火，虚蒸2分钟开锅。

❖ 蒸鱼要开水下锅，用大火蒸，高温能瞬间锁住鱼的水分和营养，使鱼的口感和味道更好。

6. 倒掉鱼盘里的水，在鱼身上铺剩下的葱丝、姜丝，加几颗洗好的枸杞子点缀。

❖ 鱼盘里蒸出来的水若是不倒掉的话，不但腥味重，还会稀释接下来浇淋的调味品，进而影响菜品的质量。

7. 加1勺鲜酱油，然后烧热1勺花生油，趁热浇在鱼身上。

❖ 浇淋的油一定要热，热油浇在葱丝、姜丝上，才能充分激发它们的香味。

 **特别关注**

1. 蒸鱼一定要选用新鲜的鱼。

2. 蒸鱼的时间长短视鱼的大小厚薄而定，不可久蒸，以免鱼肉变老。

3. 可以用蒸鱼豉油替代鲜酱油，也可以只用盐调味。

开屏武昌鱼

口味特色　蒸鱼其实很简单，只要鱼足够新鲜，再将蒸鱼的火候把握好，那么成功率几乎百分之百。若是遇上有客人拜访或者恰逢节日，不妨把蒸鱼的形式改变一下：多切几刀、多花几分钟摆个花样，简单的蒸鱼瞬间就能变成宴客大菜。

原　　料　武昌鱼1条，豆豉1大勺，蒸鱼豉油1大勺，小米辣5个，葱、姜、蒜、盐、料酒、白胡椒粉适量

制作过程

1. 武昌鱼去鳞去鳃去内脏，清洗干净，沥干，用利刀剁下鱼头和鱼尾，然后从鱼背下刀把鱼身切成1厘米宽的鱼片，使鱼腹部保持相连。

❖ 鱼切片以后更容易被蒸熟、蒸透，更易入味。

❖ 鱼片切得越薄，摆盘越好看，蒸制时间也会相对缩短。

2. 用盐、料酒、白胡椒粉、葱丝和姜丝腌10分钟。

❖ 鱼提前腌制，能去腥、入味，但不可腌制过久，以免鱼肉口感变硬。

3. 姜、蒜切末，豆豉剁碎，小米辣切碎备用。

❖ 调味品切得细碎，更有利于其味道充分释放。

4. 把腌好的鱼身摆成孔雀开屏状，中间放入鱼头和鱼尾。

5. 起油锅，用小火煸炒姜末、蒜末和豆豉碎。

❖ 用热油煸炒过的姜末、蒜末和豆豉碎，味道更加浓郁。

❖ 要注意用小火煸炒，不要炒煳了。闻到香味飘出，见姜末、蒜末颜色略微变黄就可以出锅了。

6. 把炒好的姜末、蒜末和豆豉碎撒在鱼身上。

7. 坐锅烧水，水开后，放入鱼盘，开大火蒸5分钟关火，虚蒸2分钟取出。

❖ 关火以后不要马上揭开锅盖，这时候鱼还没有完全熟透。在虚蒸的过程中鱼会继续受热，2分钟以后开锅，火候刚刚好。

8. 浇上一大勺蒸鱼豉油，摆上小米辣和葱丝、姜丝。

❖ 蒸鱼豉油可以直接浇在鱼身上，也可以盛在小碗中和鱼同时蒸，还可以在油锅里烧热后浇在鱼身上，味道比直接浇淋更鲜美。

9. 烧热一勺油，趁热浇在葱丝、姜丝上。

❖ 热油能充分激发葱、姜的香味，提升菜品品质。

 **特别关注**

用新鲜的鲈鱼做这道菜，效果也不错。

25

带鱼五花肉蒸茄子

口味特色 茄子喜油。用新鲜的带鱼、五花肉搭配长茄子一起蒸，效果不是一般的好。

平常家里用大锅蒸馒头或者用高压锅烀地瓜、芋头、山药的时候，可以同时蒸上这么一大碗蒸菜，吃时再配上一碗热乎乎的粥——这样的美食搭配让我们好像回到了过去的时光。

原料 长茄子3根，新鲜带鱼1条，五花肉1小块，花椒15粒，盐、白胡椒粉、花生油、料酒、鲜酱油、生姜、小葱适量

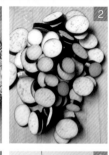

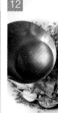

制作过程

1. 带鱼去鳃去鳍去内脏，清洗干净后沥干，切成小段，用盐和料酒腌10分钟。
❖ 清洗带鱼的时候，一定要把腹内的黑膜和靠近脊骨处的瘀血清除干净，这样才能有效去除腥味。

2. 茄子切成厚度均匀的薄片。
❖ 茄子切成薄片更容易被蒸熟。

3. 五花肉切成厚度均匀的薄片。

4. 敞口碗底先放入茄子片。
❖ 用敞口的碗或深盘的话，食材受热面积大，更容易快速熟透。

5. 把腌好的带鱼平铺一层。
❖ 最好把带鱼表面的水擦干，然后放进碗里，因为腌鱼时腌出的水腥味重。

6. 把肉片平铺在最上层。
❖ 五花肉放在最上层的话，蒸出来的油脂会浸润到鱼肉和茄子中，提香、增味，使菜品口感润泽。

7. 撒上一层生姜丝，添加一点花生油、料酒和白胡椒粉。
❖ 生姜、白胡椒粉和料酒都可以去腥、提味。

8. 水开入锅，开大火蒸，蒸5分钟关火。
❖ 因为用的是新鲜鱼，而且鱼肉不厚，所以蒸5分钟足够了；若是蒸久了，鱼肉会变老。若是用鱼干做这道菜的话，可以多蒸一会儿。鱼干不怕久蒸，蒸久点儿，其味道和口感会更好些。

9. 虚蒸3分钟开锅。
❖ 蒸菜停火后不要马上揭开锅盖，否则容易出现食材外面熟了内部却没有熟透的情况。虚蒸的时候，蒸汽的热量会继续进入食材内部，到开锅的时候，火候才正好。

10. 添加鲜酱油，根据自己的口味适量加盐。
❖ 因为腌鱼的时候已经用到盐了，且鲜酱油也是咸的，所以口味清淡者可以不加这一步中的盐。即使加盐也要把握用量，避免菜品太咸。

11. 另起油锅，小火煸香花椒。
❖ 煸炒花椒的时候，不要等油热时下花椒，而要向冷油中直接下花椒，然后用小火慢慢煸炒。这样一是为了花椒不被炸煳，二是为了让花椒的香味慢慢在油热的过程中挥发出来，使味道更浓郁。

12. 小葱切碎，撒在肉片上。捡去花椒粒，把煸好的花椒油趁热浇在小葱碎上，吃的时候拌匀即可。
❖ 热油浇在小葱碎上可以更好地激发葱香。

特别关注

1. 做这道菜不仅可以选用新鲜的带鱼，还可以选用其他鲜鱼。如果选用新晾出的鱼代替鲜鱼，菜品会别有一番风味。

2. 五花肉可以用腊肉、咸火腿或者腊肠等代替；不吃肉的朋友可以用一点儿猪油来添润、增香。

3. 可以把茄子换成白萝卜或青萝卜，味道也不赖。

4. 若先把五花肉煸炒出香味，然后下茄子煸炒，最后添加鲜鱼或咸鱼炖，效果也不错。

剁椒蒸鳗鱼

口味特色 | 剁椒味辣而咸鲜；鳗鱼细嫩而鲜美。用剁椒来蒸鳗鱼，使香辣滋味跟鱼的鲜嫩融合，别具一番风味。

原　　料 | 海鳗1条，剁椒2大勺，葱、姜、黄酒、白胡椒粉、盐适量

制作过程

1. 新鲜的海鳗去鳃去内脏，清洗干净，沥干。

❖ 清洗海鳗的时候，脊骨处的瘀血一定要清理干净，否则菜品腥味重。

2. 把海鳗分割成大段。

3. 分割好的海鳗用黄酒、白胡椒粉和盐腌10分钟。

❖ 鱼蒸制之前腌制，一是为了去腥，二是为了入味。

4. 盘底铺上生姜和葱段。

5. 腌好的鱼铺在葱姜上。

6. 坐锅烧水，水开后放入鱼盘，开大火蒸3分钟。

❖ 蒸鱼要开水下锅，并且要用大火蒸，这样才能保证鱼的口感鲜嫩。

7. 另起油锅，炒香剁椒。

❖ 经过热油煸炒的剁椒，香辣味更加浓郁，与将其直接放在鱼上蒸比，滋味更加浓郁鲜美。

8. 把蒸鱼取出，倒掉盘中的水，撒上炒好的剁椒。

❖ 盘里的水若是不倒掉的话，不但腥，而且会稀释调味品的味道。

9. 继续入锅蒸2分钟，停火；虚蒸3分钟取出。

10. 撒上葱碎即可上桌。

 **特别关注**

1. 剁椒的咸味和辣味较重，用量根据个人口味增减。腌鱼的时候只需用一点点盐，有底味就行。口味清淡者不加盐也可以。

2. 撒上葱碎后用热油浇一下，使葱香被激发出来，这样味道会更好。

剁椒鱼头

口味特色 剁椒鱼头是湖南传统名菜，通常以鳙鱼鱼头、剁椒为主料，配以豉油、姜、葱、蒜等辅料蒸制而成。菜品色泽红亮、味浓、肉质细嫩、肥而不腻、口感软糯、鲜辣适口。在民间，这道菜也被称作"鸿运当头""开门红"，有着美好的寓意。

原　　料 鲢鱼头1个，剁椒3大勺，葱、姜、蒜、盐、料酒、油适量

制作过程

1. 鲢鱼去鳞去鳃去内脏，清洗干净，沥干；切下鱼头，纵向剁开成相连的两半。

❖ 鱼头从中间剖开更容易蒸透、入味。

2. 用盐和料酒均匀涂抹鱼头正反面，腌10分钟后冲洗干净，彻底沥干。

❖ 腌鱼头的时候，不仅要将调味品抹在鱼头表面，还要均匀抹在鱼头里面，这样去腥、入味的效果更显著。

❖ 鱼头入盘之前，用厨房用纸擦干其表面的水，这样蒸出来的鱼不腥。

3. 鱼盘底部铺上葱、姜。

❖ 盘底铺上葱、姜，受热后，其香味上窜，去腥、增香的效果更显著。

4. 鱼头展开，平铺在盘中。

5. 剁椒再剁碎一些。

❖ 剁椒剁碎以后，味道能更充分地释放。

6. 把剁椒均匀铺在鱼头上。

7. 坐锅烧水，水开后放入鱼盘，开大火蒸8分钟关火，虚蒸2分钟取出。

❖ 蒸鱼要水开后放鱼，而且全程用大火，这样蒸出来的鱼才够水嫩鲜美；关火以后不要马上揭开锅盖，否则容易使鱼外熟内生。在虚蒸的过程中，蒸汽会让鱼继续受热，到揭锅盖的时候，鱼正好熟透。

8. 撒上一层葱末、姜末和蒜末。

9. 烧热一勺油，趁热浇在葱末、姜末和蒜末上。

❖ 浇淋热油会充分激发葱、姜、蒜的香味，进而使菜品的味道更好。

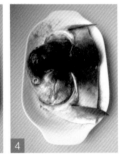

 特别关注

1. 蒸制时间长短视鱼头大小而定，不能蒸太久，以免鱼肉变老；出锅时鱼眼凸出证明火候刚刚好。

2. 蒸鱼后要先倒掉盘内的水，再添加调味品，一是为了去腥，二是为了使鱼更易入味。

3. 市售剁椒较咸，使用的话无须加盐，自制剁椒可视情况加盐。

4. 若添加蒸鱼豉油，菜品味道会更丰富、更鲜美，但正宗湘菜里剁椒鱼头不添加蒸鱼豉油，因此是否添加视个人口味、喜好而定。

豉香龙利鱼

口味特色 这道菜加了点儿我喜欢的豆豉。把葱、姜、干红辣椒丝和豆豉一起炒香，然后加鲜酱油，烧热后浇在刚出锅的鱼身上。味道超赞，好吃极了。

原　料 龙利鱼1条，小葱6棵，生姜1小块，干红辣椒4个，豆豉1大勺，盐、料酒、鲜酱油适量

制作过程

1. 龙利鱼去鳞去鳃去内脏，清洗干净，沥干。双面斜打浅花刀，用少许盐和料酒抹匀，腌10分钟。
❖ 蒸鱼之前先腌一下，一是为了去腥，二是为了让鱼更加入味。但是腌制时间不可过长，10分钟为宜，因为盐有凝聚蛋白质的作用，腌制过久，鱼肉会发硬，影响口感。

2. 小葱切段，生姜和干红辣椒切丝，豆豉剁碎备用。
❖ 豆豉剁碎后，再经过热油的煸炒，豉香释放会更充分。

3. 盘底铺上葱段和姜丝，然后把鱼放在上面。
❖ 盘底铺上葱段、姜丝，它们受热后香味会上窜，去腥提香的效果更显著。

4. 水开入锅，开大火蒸5分钟关火，虚蒸2分钟后开锅。
❖ 蒸鱼一定要等水开后放入鱼，用大火蒸，高温会瞬间锁住鱼肉的水分，使蒸出来的鱼更鲜嫩。

5. 蒸鱼的同时，另起油锅。注意要向热锅中倒入冷油，油烧热后，下入葱段、姜丝、干红辣椒丝和豆豉碎，用小火煸至葱、姜变软，散发浓郁的香味。
❖ 煸炒调味品的时候用小火，一是为了避免煳锅，二是为了让调味品的味道释放得更充分。

6. 添加鲜酱油，加一点儿热水稀释，煮沸。
❖ 鲜酱油可以直接浇在蒸好的鱼上，但是加热后再浇，味道会更加鲜美。
❖ 不加水的鲜酱油较咸，可以根据自己的口味适量向酱油中添加水。

7. 取出蒸好的鱼，倒掉盘内的水。
❖ 盘中蒸出来的水很腥，所以要倒掉。

8. 把第6步中已煮沸的调味汁浇在鱼上，趁热食用。

 特别关注

1. 蒸鱼制作方法简单，味道鲜美，但前提是鱼要新鲜且大小和厚度适中。不新鲜或大而厚的鱼不适合清蒸。大鱼可以分割、切片后清蒸。

2. 蒸鱼的时间长短视鱼的大小和厚薄而定，不可久蒸，以免鱼肉变老。

3. 用蒸鱼豉油、生抽或者自己喜欢的其他酱油调味都可以，酱油可以直接浇在蒸好的鱼上，加热后风味更佳。

4. 可以用新鲜的偏口鱼、黄花鱼或者淡水鱼替代龙利鱼。淡水鱼最好选用生长水域水质好的野生鱼，否则泥腥味重。

葱油淋鱼片

口味特色 葱油淋鱼片是一道调味最简单、制作方法最简单、吃起来令人回味无穷的菜。它清爽、开胃，具有本真的鲜甜味道、滑嫩的口感……你要不要试试看？

原　　料 新鲜草鱼净肉300克，葱、姜、盐、料酒、白胡椒粉、蒸鱼豉油或鲜酱油、淀粉适量

制作过程

1. 新鲜草鱼处理干净后，去头去尾去脊骨，取中段净肉。
2. 刀倾斜45°，把鱼肉片成厚度均匀的鱼片。
3. 鱼片加盐、料酒、白胡椒粉和淀粉抓匀，腌10分钟。
❖ 提前腌鱼片，一是为了去腥，二是为了入味，但是因为盐有凝聚蛋白质的作用，所以腌制时间不可过长，以10分钟为宜。腌制太久，鱼肉会发硬，影响口感。
4. 葱白切大段，葱叶切碎，生姜切丝备用。
5. 坐锅烧水，水开后一片片下入鱼片。
❖ 鱼片焯水时最好是一片一片地下，这样易熟，不易粘连，而且外观舒展、好看；但是下鱼片的速度要快，否则前后入水的鱼片熟的程度不一样。也可以用手抓鱼片，直接捻开、转圈撒入锅中，这样速度快，效果好。
6. 待鱼片变色浮起，马上关火。捞出，沥干，盛入盘中。
❖ 在鱼片焯水的过程中，不要随意搅动，以免鱼肉破碎，熟了的鱼片自然会整片浮起。无须等水沸腾时再关火，否则鱼片的口感就不嫩了；鱼片浮起即可关火，水的余温会继续加热鱼片。
❖ 鱼片一定要彻底沥干。残留过多的水会稀释调味品，影响菜品的口感和味道。
7. 浇上蒸鱼豉油或鲜酱油。
8. 撒上一层葱花。
9. 起油锅，油热后下入葱段、姜丝，用小火煸黄，煸出浓郁的香味。
❖ 把葱、姜煸炒一下，其香味会更加浓郁。
10. 油趁热浇在鱼片上。

 **特别关注**

1. 做鱼片用的鱼一定要新鲜，否则味道和口感都会大打折扣。
2. 可以选用新鲜的黑鱼、鲶鱼、龙利鱼、鲈鱼或者偏口鱼等少刺的鱼做鱼片。

酱油水煮小黄花鱼

口味特色　酱油水是闽南地区很常见并很受欢迎的一种烹饪海鲜的原料。酱油水，顾名思义，就是酱油和水。用酱油水煮是烹饪新鲜海鱼的极佳方法，尤其适用于较小的海鱼。只用上好的酱油和一点点糖调味，就能够极大限度地保留海鲜的原味。新鲜的小黄花鱼肉质细腻、鲜美。用筷子将鱼的一根主刺轻轻挑开，肥美的鱼肉便从刺上脱落，向两边分开，如朵朵花开。从酱油水中一小块一小块地夹起浸满汁水的鱼肉放入口中，唇齿之间荡漾开来的是最简单、最纯正的鲜美滋味。

原　　料　新鲜小黄花鱼1000克，干红辣椒4个，葱、姜、蒜、料酒、盐、酱油、糖适量

制作过程

1. 新鲜小黄花鱼去鳃去内脏，清洗干净，沥干。

❖ 清洗的时候，脊骨处的瘀血一定要清除干净，否则腥味重。

❖ 小鱼数量多，一条条地擦干费时间，可以把清洗好的鱼放在漏网或漏盆里，沥水并晾干。带水下锅的话，会影响鱼的口感和味道。

2. 热锅下冷油，油热后，爆香葱、姜、蒜和干红辣椒。

❖ 煸炒时用中小火，一是为了不煳锅，二是为了使香辣味释放得更充分。

3. 烹入酱油煮滚，激发酱香。

❖ 酱油倒进热锅中，酱香会被充分激发，其味道和直接添加在汤汁中的绝对不一样。

4. 添加热水煮开。

5. 把洗好的小黄花鱼平铺在锅中，水要没过大半的鱼。

❖ 小鱼很容易煮熟，所以无须添加很多水，水太多的话会稀释鱼的鲜味。

6. 煮沸后，烹入料酒。

7. 用盐和一点点糖调味，继续煮5分钟。

❖ 新鲜的小黄花鱼鲜味十足，无须过多调味。糖能够提鲜、调和诸味，只需放一点点，以吃不出甜味为宜。

❖ 新鲜的小黄花无须长时间炖煮，否则会失去鲜嫩的口感。大鱼可适当延长炖煮时间。

8. 撒上葱花，即可出锅。

 **特别关注**

1. 做酱油水煮鱼一定要选用新鲜的鱼。

2. 要用上好的酱油，好酱油才有好味道。

3. 鱼出锅的时候要有足够的汤汁，蘸了汤汁的鱼肉味道更美。

蒜蓉鲤鱼

口味特色 ┃ 这道菜口感鲜滑细嫩，蒜香浓郁，非常提味，吃起来绝对过瘾，可以作为待客首选菜。

原 料 ┃ 鲤鱼1条，大蒜1头，生姜1块，花椒15粒，盐、料酒、白胡椒粉、蒸鱼豉油、香菜适量

制作过程

1. 新鲜的鲤鱼去鳞去鳃去内脏，清洗干净，沥干，双面斜打一字花刀。

❖ 鱼腹、鱼鳍和鱼尾附近的鱼鳞要仔细刮除，若刮除不彻底的话，腥味重。打花刀尽量靠近鱼背，而且不要划太深，特别是腹部要浅划，否则鱼下锅受热后易变形。

2. 鱼内外均用盐、料酒和白胡椒粉抹匀，腌10分钟。

❖ 腌鱼的时候，除了鱼表面外，鱼腹内也需要用调味品抹匀，这样才能去腥、入味。腌制不可过久，否则鱼肉发硬，影响口感。

3. 大蒜拍扁后，剁成蒜蓉。

4. 坐锅烧水，水里添加花椒和姜片。

❖ 花椒和生姜都可以去腥、提味。

5. 水烧至80℃左右，然后放入鲤鱼开大火煮开，转中火继续煮5分钟，捞出装盘。

❖ 煮鱼的时间长短要视鱼的大小而定，不能久煮，以免鱼肉变老。

6. 鱼身上铺一半蒜蓉。

7. 浇上蒸鱼豉油。

8. 起油锅，用小火煸炒另一半蒜蓉至略微变黄。

❖ 煸炒蒜蓉的时候用小火，不要炒太久，看到蒜蓉变黄即可出锅，炒煳的蒜蓉味道发苦。

❖ 生蒜蓉和炒好的熟蒜蓉混合，味道最佳。

9. 蒜蓉和油浇在鱼身上，撒上香菜段即可。

特别关注

用这种做法一定要选活鱼，而且鱼不要太大，1斤左右正好。太大的鱼不仅不容易煮熟，而且不容易入味。

  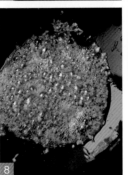 

皮蛋豆腐鱼片汤

口味特色　用皮蛋入汤，汤会变白，而且味道极其鲜美。在没有高汤的情况下，用皮蛋来给汤提鲜增味的确是个简单有效的好方法。这道汤在临出锅前添加了腌好的鲜鱼片，更是鲜上加鲜了。看起来普普通通的一道菜，实则是集鲜、香、醇、滑为一体的美味佳肴，绝对不可小觑。

原　料　草鱼片200克，皮蛋2个，卤水豆腐250克，葱、姜、香菜、花椒、盐、糖、料酒、白胡椒粉、淀粉适量

制作过程

1. 新鲜的鱼片用盐、料酒、白胡椒粉和淀粉抓匀，腌10分钟。
- ❖ 如何片鱼片，参见第35页。
- ❖ 鱼片提前腌制，可以达到去腥、入味、提鲜、增嫩的效果。

2. 皮蛋切小块，豆腐切块备用。
- ❖ 皮蛋切小块或切丁入汤，更容易出鲜味。

3. 起油锅，爆香葱、姜和花椒。
- ❖ 油热后，转小火煸炒葱、姜和花椒，这样不容易煳锅，而且更容易出香味。

4. 下入皮蛋和豆腐微微煎一下。
- ❖ 不煎直接加水炖也可以，但是煎过的皮蛋更容易出味，煎过的豆腐更容易入味，缺点是浮沫会多些，影响美观。

5. 添加热水没过食材，煮开。
- ❖ 用热水煮的汤不腥，而且更鲜美。

6. 转中火炖，用勺子撇净浮沫和花椒粒。
- ❖ 皮蛋炖汤会起浮沫，撇净浮沫可以使汤看起来更清爽。

7. 下入鱼片，添加料酒。
- ❖ 最后下入鱼片，才能保证鱼片鲜嫩。

8. 用盐和一点点糖调味。
- ❖ 皮蛋和鱼片的鲜味已足够，无须过多调味。糖只要一点点，能起到提鲜和调和诸味的作用。

9. 鱼片变白后马上关火，撒入香菜碎。
- ❖ 鱼片不要一次全倒进锅里，那样鱼片烹熟的时间不一致。最好将鱼片一片片散开，这样受热均匀熟得快，鱼肉不容易老，而且美观。鱼片不可久煮，变色后马上关火，以免影响口感。

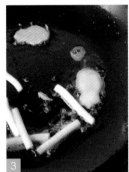

酸辣鱼汤

口味特色 新鲜鱼片入汤，用盐、白胡椒和醋等调成酸辣口的清汤。它滋味鲜美醇厚、清新爽口、开胃生津，而且做法简单，尤其适合家庭烹饪。

原　　料 多宝鱼2条，淀粉、白胡椒粉、葱、姜、香菜、盐、料酒、米醋、味精适量

制作过程

1. 多宝鱼去鳃去内脏，清洗干净，擦干鱼身上的水。

❖ 擦干鱼身上的水，一是为了减少鱼的腥味，二是为了使片鱼片更容易，三是为了使片下来的鱼肉不会因水多而影响菜品的品质。

2. 刀紧贴鱼脊骨，先片下大片鱼肉，然后将鱼肉斜着片成薄片。

3. 鱼片用盐、料酒、白胡椒粉和一点点淀粉拌匀，腌10分钟。

4. 鱼骨剁成大块，和鱼头一起用盐、料酒拌匀腌制。

5. 起油锅，爆香葱、姜。

6. 下入鱼骨和鱼头，开大火煎。

❖ 鱼先煎再加热水煮汤，能去腥、提鲜，味道更佳。

7. 烹入料酒，添加热水，用大火煮开，继续煮5分钟。

❖ 煎过的鱼用热水煮，味道不腥，鲜味浓。想要汤浓，煮开后用大火继续煮；想要汤清，煮开后转小火煮。

8. 用勺子撇去汤表面的浮沫。

❖ 撇去浮沫一是为了美观，二是为了去腥。

9. 下入腌好的鱼肉。

10. 煮开后马上关火，用盐、米醋、白胡椒粉和味精调味。

❖ 鱼肉不可久煮，以免影响其鲜嫩的口感。最后放盐调味更有利于健康。

11. 撒上香菜段即可。

 **特别关注**

用来煮汤的鱼一定要新鲜。鱼不大的话，也可以不片鱼片，直接用整条鱼或者切成块的鱼来煮汤。

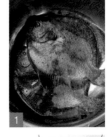

鲅鱼丸子

口味特色　只要你吃过一回自己做的纯手工鱼丸，就再也不会正眼瞧超市里卖的鱼丸了。自己做的鱼丸鲜嫩滑爽、弹性十足，包你忍不住一做再做。其实可以一次多做些鱼丸，水煮、过凉、沥干后冷冻保存，随用随取。

原　料　新鲜鲅鱼600克，五花肉100克，蛋清1个，生姜、花椒、盐、白胡椒粉、米醋、味精、料酒、香油、植物油、葱、香菜适量

制作过程

1. 新鲜的鲅鱼冷冻至微硬，然后从鱼尾入刀，刀紧贴脊骨向鱼头横切，鱼头处纵切一刀，取下整片鱼肉。鱼的另一面用相同的手法处理，片下鱼肉。

❖ 先把鱼冷冻一下，但不要冻得太硬，这样的鱼比鲜鱼更容易取肉。

2. 去掉鱼内脏，冲洗干净，沥干，然后用勺子刮下鱼骨和鱼片上的鱼肉。

❖ 取下的整片鱼肉平铺在案板上，鱼皮一面向下，鱼肉一面向上，一只手按住鱼肉，另一只手用勺子贴紧鱼皮刮下鱼肉，方便快捷。

3. 五花肉先切成粗粒，然后和鱼肉混合。

❖ 做鱼丸可以只用鱼肉，但稍微加点儿五花肉会使鲜香味更足，使口感更弹牙。

4. 花椒冲洗干净，加上生姜丝，用温水浸泡。

❖ 花椒和生姜都可以去腥、提鲜、增香。

❖ 提前浸泡，可使其香辛味释放更充分。

5. 手工剁馅，感觉粘刀了，就加点儿泡好的花椒姜丝水，边剁边添加。

❖ 想要鱼丸口感细腻弹牙，剁馅的时候要分次、一点点地添加水，让馅料充分吃进水再添加。

6. 剁到鱼肉细腻时添加盐、料酒、味精、蛋清和植物油，顺时针搅打，直至上劲。若是馅料太干，可以适量分次加水；若是馅料水多了，可以适量添加淀粉。

❖ 调馅的时候，适量添加淀粉、蛋清和油，可以起到使鱼丸爽滑弹牙的作用。

❖ 鱼肉馅要经过充分的搅打或摔打，这样才能让鱼丸更有弹性。

7. 坐锅烧水（有高汤更好），水不要太多。水温热后，转成小火。取搅打好的鱼肉馅，用虎口挤出大小均匀的鱼丸直接入锅。

8. 鱼丸全部挤好以后，开大火煮开，再转小火，撇去表面的浮沫。

❖ 水温热的时候下入鱼丸，等鱼丸全部下锅了，再开大火一起煮开。这样可以避免水沸腾后依次下入鱼丸，导致鱼丸的煮熟时间和熟的程度不同，影响口感。

❖ 鱼丸煮开即可关火，无须久煮，久煮会影响鱼丸的口感。

9. 用盐和白胡椒粉调味，撒上葱花和香菜碎。

❖ 新鲜的海鱼做鱼丸，只需简单调味，这样才可以凸显海鱼的鲜美。

10. 起锅前淋一点儿香油，连汤带鱼丸盛入碗中，吃时根据需要添加米醋。

❖ 胡椒粉、米醋和香油的添加会让鱼丸汤锦上添花。

特别关注

做鱼丸对所用鱼的新鲜程度要求比较高。海鱼和淡水鱼都行，只要刺少、新鲜即可。

盐水虾

口味特色 | 新鲜的海虾用盐水煮一下，口感弹牙、清新鲜美、虾味浓郁，非常完美。这是沿海最常见也是沿海人最认可的吃法。

原　　料 | 海虾500克，生姜4片，盐、料酒、青芥末、生抽、醋适量

制作过程

1. 海虾剪去虾枪和长须。

❖ 虾枪很锐利，特别是大虾的虾枪，若吃的时候不小心，很容易被刺伤，所以还是提前剪掉的好。

2. 锅里加虾、生姜片和盐，倒入没过食材的水。

❖ 虾是寒性食物，腥味重，而生姜不仅可以去腥、提鲜，还可以暖胃驱寒，所以最适合烹虾时使用。水不必加多，太多了会稀释虾的鲜味。鲜虾鲜味十足，无须过多调味，只用盐即可。

3. 开大火煮开，加点儿料酒，继续煮2分钟，至虾身弯曲，捞出装盘。

❖ 料酒也可以很好地去腥、增香。高温时加入料酒，料酒会很快蒸发，效果最佳。虾身弯曲就马上关火，否则虾肉易老。

4. 用青芥末、生抽和醋调蘸汁，一起上桌。

❖ 青芥末不仅辛辣、芳香、开胃，而且有很强的解毒功效，和海鲜很搭。

 **特别关注**

_1._ 蘸汁也可以用姜末、蒜末加生抽、醋和香油调制。

_2._ 煮虾的时间长短视虾的大小而定，小虾开锅即可，大虾开锅后继续煮一会儿。看到虾身稍微弯曲即可关火，不要久煮，以免虾肉变老。

蒜蓉丝瓜虾球

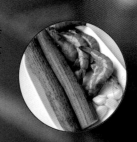

口味特色 | 平平常常的丝瓜和鲜虾，只要换个做法，摆个造型，就会立刻让人眼前一亮。这道菜做法并不难，却使成品增色不少，这样的菜最适合在客人面前露一手。

原　料 | 丝瓜2根，海虾10只，大蒜4瓣，盐、料酒、白胡椒粉、淀粉适量

制作过程

1. 丝瓜去皮，切成4厘米长的小段。
2. 海虾去头去壳留尾，挑去虾线，用刀尖插入虾肉中段并穿透。
❖ 虾线是虾的消化道，里面存有脏东西，不去除的话，虾有腥味和苦味，会影响虾本身的鲜甜味道。最简单的方法是使用牙签插入虾背第二节，向上挑起，可以直接挑出虾线。
3. 弯曲虾尾，从虾中段刀口处穿过，做成虾球。
❖ 虾可以直接整只摆放在丝瓜段上，做成虾球只是为了美观。
4. 虾球加入盐、料酒、白胡椒粉和淀粉抓匀，腌10分钟。
❖ 提前腌制可以为虾去腥、提味，而且使口感更加嫩滑。
5. 大蒜拍扁后剁成蓉。
6. 将丝瓜瓤挖空，把虾球放进丝瓜的空洞中，摆盘。
❖ 嫩丝瓜可以不用挖空瓜瓤，直接把虾仁摆在丝瓜上即可。
7. 坐锅烧水，水烧开后，入锅蒸5分钟，取出。
❖ 开水入锅，虾的口感更鲜嫩，而且高温可以瞬间锁住虾肉的营养和鲜味。
8. 蒸的时候，另起油锅，爆香蒜蓉。
❖ 蒸的同时另起油锅，当蒸好的虾出锅时，蒜蓉也刚炸好，衔接得正好。
9. 将蒸盘中的水倒入油锅，加水淀粉，勾薄芡。
❖ 丝瓜和鲜虾蒸出的水味道鲜甜，勾薄芡后做浇汁，原汁原味，味道鲜美。
10. 丝瓜虾球出锅后，浇上刚出锅的蒜蓉汁即可

特别关注

此菜不可久蒸，蒸久了，不仅使丝瓜颜色不好看、容易软塌，也会影响虾肉的口感。丝瓜和虾搭配，做成汤也很鲜美。

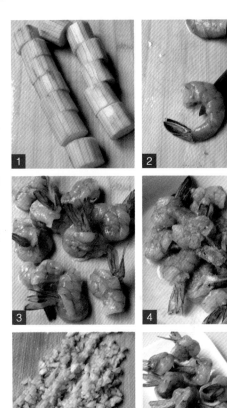

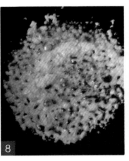

蒜蓉粉丝开背虾

口味特色

用蒜蓉做海鲜菜，除了烤外，最常用的方式就是蒸了。蒜蓉虾，烤着好吃，蒸着吃也不赖。若是在虾下面铺一层粉丝，蒸制后，汁水正好把粉丝浸透泡软，使其吃起来咸鲜软糯，带给人的享受和满足感毫不逊色于虾。最关键的是，这道菜技术含量低，就算是厨房新手，也准保一做一个准，成功率百分之百。

原　　料

海虾300克，大蒜50克，粉丝50克，小葱、料酒、蒸鱼豉油、糖适量

制作过程

1. 粉丝用温水提前泡软。
❖ 粉丝不要泡得太软，不硬即可铺盘，否则入锅蒸制后，粉丝会在吸收汤汁后变得更软，甚至粘连。

2. 大蒜拍扁后剁成蓉，取一半入油锅，用小火煸至微有黄色、香味飘出。
❖ 煸蒜蓉的时候一定要用小火，颜色变黄即可下调味品，
　否则蒜蓉易煳而且味道发苦。

3. 添加料酒、蒸鱼豉油和一点点糖烧开。

4. 倒出，和另一半生蒜蓉混合。
❖ 炒过的蒜蓉加上生蒜蓉做成的调味汁，味道最佳。

5. 虾剪去虾枪和虾须，用剪刀开背，挑去虾线。
❖ 大虾的虾枪很尖锐，吃时很容易被刺伤，所以最好提前
　将其剪掉。
❖ 虾线不去除的话，虾的腥味重。特别是养殖虾，其虾
　线一定要剔除。用牙签在
　虾身第二节处插入、挑起，
　这样很容易就能取出整条
　虾线。

6. 盘底平铺上泡软的粉丝。
❖ 粉丝不必完全沥干，否则
　蒸出来后太干。

7. 粉丝上面依次铺上开背
的大虾。
❖ 开背的大虾更容易入味，
　也更容易出味。

8. 取调好的蒜蓉浇汁，浇
在每一只虾的背上。

9. 入开水锅，开大火蒸6
分钟关火。
❖ 蒸制时间的长短要视虾的
　大小而定，但不可久蒸，
　久蒸之后的虾水分尽失，
　口感欠佳。

10. 虚蒸2分钟后取出，
在虾背上撒葱花。

11. 烧热一勺油，趁热浇
在葱花上，激发葱香，即
可上桌。
❖ 油要烧热，热油浇在葱花
　上才能充分激发葱香。

萝卜条炖小虾

口味特色

这是一道营养滋补菜，由于其做法简单、取材方便、营养可口，所以也是一道家喻户晓的家常菜。这道菜的特点是：虾鲜嫩，萝卜条软烂，汤汁浓郁，鲜咸中透着香浓，半汤半菜，味美可口，营养丰富。这道菜的亮点是汤汁表面的那层红油，红油和绿色的萝卜条相映成趣，让人的视觉和味觉得到双重享受。由于萝卜条和汤汁吸足了虾的纯鲜，所以软烂的萝卜条和鲜浓的汤汁才是此菜的精髓。

原　料　新鲜小海虾300克，青萝卜600克，盐、生姜、小葱、香菜适量

制作过程

1. 青萝卜切条，生姜切丝，小葱和香菜切碎备用。

2. 坐锅烧水，水开后下入萝卜条，焯至变色后捞出，沥干备用。

❖ 萝卜条提前用热水焯烫，一是为了去除萝卜特有的涩味和辣味，二是为了使其更容易煮熟。

3. 起油锅，爆香葱碎、姜丝。

❖ 葱碎、姜丝在油锅里煸炒至颜色变黄、香味浓郁再下主料，这样做出的菜味道好。

4. 下入萝卜条，开大火煸炒至萝卜条变软。

❖ 用大火充分煸炒萝卜条，也可以去除青萝卜特有的涩味和辣味。

5. 添加新鲜的小海虾，加入热水至没过食材，开大火煮开。

❖ 水无须加很多，太多了会稀释虾的鲜味，刚刚没过食材就好。

6. 转中火煮至萝卜软烂，用盐调味，起锅前撒上葱碎、香菜碎即可。

❖ 鲜虾咸鲜味足，除了用盐外，无须过多调味，以免掩盖其本真的味道。

 **特别关注**

1. 也可以用新鲜的淡水虾、虾皮或者其他海虾替代小海虾。

2. 没有青萝卜，可以用白萝卜或水萝卜替代。

清蒸飞蟹

口味特色 飞蟹，也叫梭子蟹，是一种海蟹。对新鲜海蟹来说，最能体现其鲜美、保留其营养的做法当然是清蒸。再调个姜醋汁，就可以美美地享用其原汁原味的鲜美滋味了。

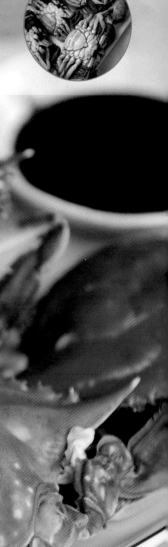

原　料 飞蟹4只，生姜、镇江香醋适量

制作过程

1. 用牙刷把飞蟹仔细刷干净。
❖ 螃蟹腿与身子相连的部位、嘴巴周围和
   肚脐周围要格外用心刷洗。

2. 逐个洗刷好之后，沥干。

3. 冷水下锅，螃蟹肚脐向上摆放在屉
   上，盖上锅盖开大火蒸。
❖ 开火之前用剪刀把捆绑螃蟹的橡皮筋剪
   开；肚脐向上摆放螃蟹，这样在蒸的过
   程中，能使汁水留在蟹盖里，不让蟹的
   鲜味和营养流失。

4. 开锅后转中火，继续蒸10分钟左
   右关火，虚蒸3分钟开锅。
❖ 螃蟹一定要完全蒸熟才能食用，小螃蟹
   开锅后继续蒸8分钟左右，大螃蟹开锅
   后继续蒸15分钟左右，具体蒸制时间要
   视螃蟹大小而定。

5. 生姜切成细丝后剁成姜末。

6. 姜末加香醋调成蘸汁，和蒸好的螃
   蟹一起上桌。
❖ 螃蟹性寒，所以吃时要配姜醋汁，可暖
   胃、暖身。
❖ 要想蘸汁滋味更加丰富，可以添加鲜酱
   油和一点点糖。

特别关注

1. 螃蟹一定要选用鲜活的，死的或是变
质的螃蟹人吃了容易食物中毒。

2. 选螃蟹时，要选那种一碰就张牙舞爪
的；不要专门挑个头大的，要用手掂量螃
蟹的轻重，相同大小的要选重的；还要注
意挑选蟹脚和蟹钳齐全的，否则蒸的时候
汁水会从断开处流失，影响蟹肉的味道。

3. 要想蒸熟的螃蟹完整、不掉腿，在入
锅之前需要把活螃蟹杀死——从螃蟹的嘴
巴或者肚脐插入筷子即可。

鲍鱼豌豆粥

口味特色 用砂锅煮一锅香米粥，煮至米汤黏稠、米粒开花时，加入一把鲜豌豆和少许鲜鲍鱼片，米的清甜、豌豆的清香和鲍鱼的鲜美便融合成一锅清新完美的好粥。

原　料 香米1小碗，新鲜豌豆1小碗，鲜鲍鱼4只，水8小碗，盐、糖、白胡椒粉、香葱适量

制作过程

1. 香米淘净，用水提前浸泡。

❖ 提前浸泡过的米更容易煮软、煮黏稠。

2. 泡好的米倒入砂锅，加入水和几滴香油，中火炖煮。

❖ 煮粥的时候加几滴香油，粥会更香浓黏稠。

3. 用牙刷把鲍鱼肉边缘的黑膜彻底清除干净，然后用勺子贴紧鲍鱼的外壳，完整地挖出鲍鱼肉。

❖ 鲍鱼肉的表层有黏膜，呈或深或浅的黑色，用细毛刷可以很容易地把这层脏东西刷洗掉，露出鲍鱼原本的颜色。

4. 去掉内脏，把鲍鱼肉均匀切成薄片。

❖ 鲍鱼肉底部绿莹莹的东西是鲍鱼的内脏，若是不介意的话，可以保留，但粥的颜色会变绿。

5. 粥煮至沸腾，转小火继续煮，直至米汤黏稠、米粒开花。

❖ 煮粥不能急，开锅后要一直用小火煮，并且要不停搅拌以防粘锅，且人不能走远，防止溢锅。

6. 加入鲜豌豆搅拌均匀，继续煮至豌豆熟透、软烂。

7. 加入鲍鱼片，搅拌均匀。待鲍鱼片定型、变色立即关火。

❖ 生鲍鱼片是软的，加入到煮滚的粥里要赶紧散开，不要让它们团成团。受热后的鲍鱼片会马上定型、变色，这时立即关火调味，不用担心鲍鱼不熟，因为锅内的余温会继续为其加热；煮太久的话鲍鱼片会变老，失去鲜嫩的口感。

8. 关火后加入盐、白胡椒粉和一点点糖调味，撒上香葱碎即可。

❖ 鲍鱼鲜味十足，因此调味要简单，以免破坏其本真的味道。

特别关注

　　煮粥时，米和水的比例视米的吃水性而定。一般情况下，想吃稠一点儿的，米和水的比例为1∶6；想要黏稠度适中的话比例为1∶8；想吃稀粥的话比例为1∶12。

蛤蜊肉拌菠菜粉丝

口味特色 | 新鲜蛤蜊加上粉丝和菠菜一起凉拌，包含了山的气息与海的味道。吃上一口——清新、鲜美、爽口。咀嚼吞咽之后，萦绕在舌尖心头的，分明是浓浓的春天的味道。

原　料 | 新鲜蛤蜊500克，菠菜1把，粉丝50克，花椒20粒，大蒜、生姜、生抽、醋、香油、糖适量

制作过程

1. 粉丝提前用热水浸泡，泡至无硬芯，捞出冲凉，沥干备用。

❖ 粉丝用80～90℃的热水浸泡就行，无硬芯后需要冲凉沥干，否则容易粘连在一起，也会影响口感。

2. 蛤蜊清洗干净，沥干，热水下锅，煮至开口。

❖ 煮蛤蜊的水要多些。水太少的话，蛤蜊受热的速度慢，会延长煮制时间；煮太久的话，会影响蛤蜊鲜嫩的口感。

3. 捞出，取出蛤肉，晾凉。

❖ 蛤蜊只要微微一张口，就应马上捞出。要逐个捞出，不要等所有的蛤蜊都开口了再一齐往外捞，否则先开口的蛤蜊肉质会变老，鲜味也会大量流失。

4. 菠菜洗净沥干，入热水中焯烫至变色，捞出过凉开水，挤干切大段。

❖ 菠菜提前焯烫，可以去除大部分草酸；注意只需略微焯烫一下，然后迅速过凉，否则会过于软烂，影响口感。

❖ 凉拌之前，菠菜需要挤干再切段，否则会影响菜品的口感和味道。

5. 大蒜和生姜剁成末，添加生抽、醋、香油和一点儿糖调成浇汁。

❖ 大蒜可以杀菌提味，生姜可以去腥、提鲜和驱寒，均适合用来凉拌海鲜。

❖ 蛤蜊肉本身咸鲜味足，生抽也有咸味，所以无须加盐。

6. 粉丝、蛤肉和菠菜混合，添加调好的浇汁拌匀。

7. 起油锅，下花椒粒，用小火炸至香味飘出。

❖ 炸花椒粒时，油温热时就可以下花椒，用小火慢慢炸，这样一是不容易煳，二是香味释放得更充分。香味渐浓时，马上关火。

8. 拣去花椒粒，趁热把花椒油浇在拌好的菜上即可。

❖ 现炸的花椒油趁热浇在拌好的菜上，其特有的麻香会让菜品的味道提升很多。

🧑‍🍳 特别关注

1. 露天生长的菠菜不要去根，红色的菠菜根很有营养。

2. 蛤蜊若是有泥沙，可以用原汤清洗蛤蜊肉。煮蛤蜊时，锅里需加清水，蛤蜊煮开口后从水里捞出，锅里剩下的白色汤汁就是原汤，它清新鲜美，原汁原味。

3. 不喜欢花椒油的，可以用芥末油或者辣椒油替代。

第三章

调味加汁，鱼肉添香

红烧鲳鱼

口味特色　说起做鱼，肯定少不了红烧。红烧鱼是很多人都非常喜欢的一种家常做法。菜品特点：鱼肉鲜嫩、咸香，色泽红润、发亮。这里要做的是红烧鲳鱼，它是一道经典宴客菜，好吃看得见。

原　　料　鲳鱼1条，干红辣椒4个，香葱5棵，生姜、大蒜、盐、白胡椒粉、料酒、红烧酱油、糖、味精（可以不加）、小米辣碎（可以不加）适量

制作过程

1. 鲳鱼去鳃去内脏，清洗干净，双面打上十字花刀。用盐、白胡椒粉和料酒腌10分钟。

❖ 鲳鱼腹内的黑膜一定要去除干净，这对去腥来说很重要。

❖ 大鲳鱼肉质厚实，打上十字花刀既方便熟透，也利于入味。

❖ 鱼提前腌制，可以去腥、入味。

2. 下锅前用厨房专用纸吸干鱼身上的水。

❖ 把鱼身上的水处理干净，鱼下锅以后不溅油，而且不容易粘锅，利于鱼保持鱼身完整。

3. 热锅冷油，油热后，下入鲳鱼，用大火煎。

❖ 煎鱼时，锅要烧热，油热后下擦干的鱼。直接用大火煎，煎30秒以后再翻身，可使鱼身保持完整。

❖ 鱼下锅以后不要急于翻动，用铲子轻微触碰鱼身，等鱼能轻松滑动时再翻面，这样鱼皮不粘锅，可以使鱼保持鱼身完整。

4. 一面煎黄后翻面，两面煎黄后盛出。

5. 生姜切片，大蒜剥皮，干红辣椒切段，香葱挽结备用。

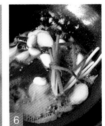

6. 利用锅内底油，爆香葱、姜片、蒜和干红辣椒段。

❖ 煸炒葱、姜、蒜和辣椒时，火不能太大，要用小火慢慢煸炒，这样不会煳锅，且香辣味释放更充分，有利于提升菜品的整体品质。

7. 烹入红烧酱油，添加热水煮开。

❖ 红烧酱油烹入热油中，散发出来的酱香浓郁，而且颜色格外漂亮。

8. 加入煎好的鱼，煮开后转中火煮。

9. 不时用勺子朝鱼身上浇汤汁。

❖ 浇汤汁可以让鱼肉更易入味。

10. 盖上锅盖用中火炖，收汁过半时，用盐和一点点糖调味。

❖ 糖能提鲜、调和诸味，用量无须多，以吃不出甜味为佳。

11. 汤汁收至自己中意的程度，加点儿味精（可以不加）。

❖ 用大火收汁到汤汁黏稠红亮、裹紧鱼身时，菜的味道和品相最佳。

12. 撒上香葱结和小米辣碎（可以不加）即可。

❖ 香葱和小米辣碎既可以提味，又可以做点缀，让菜品的品相更诱人。

 **特别关注**

　　要想煎鱼不破皮，在鱼的表面蘸一层薄薄的干粉（面粉或淀粉）再煎也是一个好方法，而且它有助于将鱼迅速煎黄。

红烧划水

口味特色 | "划水"也可以被称为"甩水",是鱼尾的一种俗称。由于经常活动,所以鱼这个部位的肉特别细嫩,红烧后油润与鲜嫩相得益彰,非常可口。

原　料 | 新鲜的青鱼尾(或草鱼尾)1条,小葱5根,大蒜3瓣,生姜1块,黄酒、老抽、生抽、盐、糖适量

制作过程

1. 将鱼尾处理干净，擦干鱼尾上的水，纵切四五刀，尾端不要切断，使整条鱼尾呈扇面状。

❖ 鲜鱼去鳞之后，可以根据需要，直接取下鱼尾。擦干鱼身上的水更方便进行后面的操作。

❖ 纵切的刀数越多越好看且越容易入味，但后面操作难度也会随之增大；煎扇面状鱼尾的时候，翻面时要格外小心，否则会弄碎。新手可以采用横切一字刀的方法。

2. 锅烧热后下冷油，油热后下鱼尾开大火煎，一面煎黄后小心翻面，煎至两面颜色金黄。

❖ 扇面状鱼尾易碎，翻面时要格外小心。

3. 把煎黄的鱼尾轻推到一边，利用锅内底油爆香葱、姜、蒜。

❖ 为了使煎好的鱼身完整不破，直接把煎好的鱼尾推到锅的一边而不盛出，这是个取巧的方法。

4. 烹入黄酒、老抽和生抽。

❖ 黄酒能去腥、增香，老抽上色，生抽提鲜、调味。

5. 加入适量热水烧开，转中火炖10分钟。

❖ 水无须多加，没过食材一半就行，太多了会稀释鱼的鲜味，也不利于把汤汁收浓。

❖ 加热水炖制，鱼肉更加鲜美细嫩。

6. 用盐和一点点糖调味，继续用中火炖。

❖ 口味轻者可以不加盐。炖制过程中不时用勺子舀汤浇到鱼肉上有助于鱼肉入味。

7. 大火炖至汤汁变浓稠、鱼肉入味，即可撒上小葱碎出锅。

❖ 大火收汁到汤汁黏稠、颜色红亮的程度为好。

 特别关注

　　做红烧划水最好选2斤左右的青鱼，因为青鱼尾肉质肥嫩，味道鲜美。买不到青鱼的话，可以用草鱼或鲢鱼替代。

红烧加吉鱼

口味特色　"加吉头，鲅鱼尾"，说的就是这两样海货口味上乘。我做这条加吉鱼用的是红烧做法，为了让鱼肉更加鲜香润泽，还加了几片五花肉。可别小看了这几片五花肉，尤其在做冷冻过的鱼时，加上几片，将其煸炒一下，猪油的润和香可使菜品的味道更上一层楼。

原　　料　加吉鱼1条，五花肉100克，干红辣椒4个，洋葱半个，盐、糖、味精（可以不放）、红烧酱油、料酒、生姜、葱、大蒜适量

制作过程

1. 将鱼去鳞去鳃去内脏，洗净，沥干，双面打上十字花刀。

❖ 因为鱼大、肉厚，所以要给鱼打上十字花刀，这样烧制的时候更容易入味。

2. 五花肉切片。

❖ 烧鱼的时候添加五花肉或者猪油，滋味会更加鲜香醇厚，口感和味道也会提升不少。

3. 洋葱、生姜和大蒜切片。

4. 热锅冷油，下五花肉煸炒出香，煸至稍有黄色。

❖ 五花肉煸炒时要用小火，但不必炒成油渣。待肉炒至微微卷曲、香味飘出时，就可以放调味品了。

5. 下洋葱片、姜片、蒜片和干红辣椒煸炒出香味。

❖ 煸炒时用小火，更有利于各种调味品充分释放味道。干红辣椒煸炒至红棕色时下主料最合适。

6. 放入鱼煎片刻。

❖ 鱼太大了，不易翻面，所以只煎一面也可以。

7. 沿锅边烹入料酒。

❖ 趁锅温高时沿锅边烹入料酒，这样去腥、增香、提味的效果最好。

8. 烹入红烧酱油。

❖ 炒糖色对新手来说有点难度，若用红烧酱油给鱼上色就简单多了，而且味道也不错。红烧酱油最好先烹入热油中，这样能使酱香味道和颜色更佳。

9. 添加适量热水烧开，转中火慢炖。

❖ 大鱼经过中小火慢炖才能充分入味。

10. 收汁过半时，用盐和一点点糖调味。

11. 继续炖10分钟使其入味，用大火收汁，起锅前加点味精（可以不放），撒上葱花即可。

特别关注

1. 肉厚的鱼或者冷冻过的鱼更适合红烧。

2. 鱼肉厚的话，可以先分割成小段再烹制，也可以给鱼打上十字花刀，这样更容易使鱼入味。

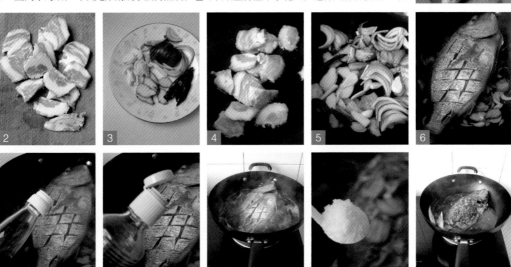

番茄龙利鱼

口味特色 | 快用熟透的番茄搭配新鲜的龙利鱼炖一锅浓艳鲜美的番茄龙利鱼吧。红艳艳的番茄配上鲜嫩嫩的鱼肉，其浓浓的汤汁和鲜美的味道瞬间就能激发出你的食欲。

原　　料 | 龙利鱼1条，番茄2个，柠檬半个，大蒜4瓣，盐、白胡椒粉、料酒、糖、番茄酱适量

制作过程

1. 龙利鱼去鳞去鳃去内脏，清洗干净，擦干鱼身上的水，分割成小段。

❖ 把鱼身上的水彻底擦干，一是为了去腥，二是为了使鱼在腌制过程中更易入味。

2. 用盐、白胡椒粉和柠檬汁腌10分钟。

❖ 柠檬汁可以杀菌、去腥、增香，还可以让肉质更加细嫩。腌鱼的时长以10分钟为宜，不可腌太久，否则肉会变硬。

3. 番茄切块备用。

❖ 追求完美口感的话，可以提前给番茄去皮。只需用开水烫一下番茄，就能很容易地撕去番茄的皮。

4. 热锅冷油，油热后下鱼段开大火煎，煎至两面金黄时取出。

❖ 热锅冷油，油烧热后下擦干的鱼开大火煎，这样鱼不易破皮、不易粘锅。

5. 利用锅内底油，爆香蒜末。

❖ 煸炒蒜末的时候要用小火，以免将蒜末炒煳。待蒜末炒至微有黄色、蒜香浓郁时，即可下主料。

6. 下番茄翻炒均匀。

7. 添加热水煮开。

❖ 龙利鱼的鱼身薄，很容易熟透，所以不要加太多水，以免炖制时间过长，使鱼肉变老。

8. 加入鱼段煮开后，转中火炖。

9. 加料酒和一点点糖。

10. 添加适量番茄酱拌匀。

❖ 添加番茄酱，会让番茄的味道更浓郁，让菜的颜色更鲜亮。不喜欢番茄酱的可不加。

11. 用盐调味，开大火收汁即可。

 特别关注

1. 也可以用龙利鱼柳做这道菜。

2. 选用自然长熟的番茄做菜，菜的颜色和味道才足够纯正。

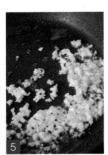

茄汁鲅鱼

口味特色　对喜欢番茄酱的孩子来说，这道酸甜可口的茄汁鲅鱼绝对会让他们大呼过瘾。菜中红艳艳的汁水很是诱人，雪白的鱼肉裹满了这酸甜诱人的汁水，吃上一口，开胃、爽口，充满了新鲜和令人愉悦的美好滋味。

原　　料　新鲜鲅鱼600克，西红柿2个，大蒜6瓣，生姜1块，番茄酱1大勺，料酒、白胡椒粉、盐、糖、香葱适量

制作过程

1. 鲅鱼去鳃去内脏，清洗干净，擦干鱼身上的水，切成1厘米厚的段。
❖ 鲅鱼腹腔内靠近脊骨处的瘀血一定要彻底清除，否则腥味重。
❖ 擦干鱼身上的水，一是为了去腥，二是为了煎鱼的时候不溅油、不粘锅。

2. 西红柿切块备用。
❖ 选用熟透的西红柿，这种西红柿汁多、味浓。要想口感完美，可以先将西红柿去皮。去皮时用开水烫或者用火烤西红柿，这样便能轻松去除。

3. 热锅冷油，油热后，将鱼段平铺进锅中，开大火煎，煎至两面金黄，取出。
❖ 新鲜的鲅鱼可以不煎，直接下锅，这样口感更加软嫩；冰鲜或冷冻过的鲅鱼炖之前需煎一下，这样鱼更容易定型，且味道不腥、更鲜香。

4. 利用锅内底油，爆香姜末、蒜末。

5. 下西红柿翻炒均匀。

6. 下煎好的鱼段，烹入料酒。
❖ 锅温高时沿锅边烹入料酒，这样去腥、增香、提味的效果更好。

7. 添加热水至没过食材煮开，添加一大勺番茄酱，转中火炖。
❖ 适量添加番茄酱会让番茄味道更浓郁，使菜的颜色更漂亮。

8. 收汁过半时，添加白胡椒粉、盐和一点点糖调味，继续炖10分钟。

9. 大火收汁，收至汤汁浓稠时关火，撒点香葱碎即可。

干烧黄鱼

口味特色 烧黄鱼时，添加适量五花肉。用小火慢炖，鱼肉充分入味后，用大火收汁，这样烧出的鱼，鲜味中融入了肉的香浓味道。烹饪中多花一点心思，定会让你收获意想不到的绝佳效果。

原　料 黄花鱼2条，五花肉150克，郫县豆瓣酱1大勺，盐、高汤或清水、糖、葱、姜、蒜适量

制作过程

1. 黄花鱼去鳞去鳃去内脏，清洗干净，用厨房专用纸擦干鱼身上的水，然后双面斜打一字花刀。

❖ 鱼腹内的黑膜和靠近脊骨处的瘀血一定要彻底清除，否则腥味重。

❖ 鱼身上的水擦干之后，下锅不溅油，而且不容易粘锅。擦的时候，不要忘记把鱼腹也擦干。

❖ 打了花刀的鱼，炖的时候更容易入味。

2. 热锅冷油，油热后下入黄花鱼开大火煎。

❖ 煎鱼时，先把锅烧热，然后下冷油，油烧热后再下擦干了的鱼，直接用大火煎制，这样鱼身不破，不容易粘锅。鱼贴着锅的那一面受热后会迅速形成一层硬皮，这时候再给鱼翻面，继续煎另一面。

❖ 鱼刚下锅的时候，不要急着去翻动。马上翻动容易造成鱼皮破碎。

3. 煎至双面金黄取出。

❖ 煎鱼的过程中，可以试着用铲子轻轻触碰鱼身，鱼若是煎好了，就会在锅里自由滑动，这时候再给鱼翻面，可保证鱼完整不破。

4. 郫县豆瓣酱剁碎，葱切小段，姜切丝，大蒜拍扁备用。

❖ 郫县豆瓣酱剁碎后更容易出味和炒出红油。

5. 起油锅，煸炒五花肉至微有黄色。

❖ 煸炒五花肉时，一定要用小火，不必把肉内的油脂全部煸炒出来，炒到肉片微微卷曲、出香味了就可以了。五花肉留有部分油脂，在炖制过程中，会让鱼肉的口感更加油润香滑。

6. 下入郫县豆瓣酱炒出红油。

❖ 炒郫县豆瓣酱的时候，锅里的油要比平常做菜时多一些。用小火充分煸炒，可以让其香辣味道充分释放，也可以炒出漂亮的红油。

7. 下入葱、姜、蒜炒香，再加入适量高汤（清水也可）煮开。

❖ 葱、姜可以去腥、提味、增香，最适合用来烹鱼。

8. 放入煎好的黄花鱼煮开后，转中火炖。

❖ 炖鱼的时候不能用大火，否则鱼肉不入味，用小火慢炖才能炖出好滋味。

9. 不时用勺子舀汤汁浇在鱼身上。

❖ 用勺子不断浇淋，会让鱼更易入味，即使不翻面，也不用担心没浸在鱼汤里的鱼肉不入味了。

10. 收汁过半的时候，用盐和一点点糖调味，继续炖5分钟；大火收汁至汤汁黏稠即可出锅装盘。

❖ 虽然出锅前加盐更有利于身体健康，但是那样鱼肉会不入味。收汁过半时加入盐调味，然后再炖一会儿，既可以避免过早加入盐让鱼肉口感变硬，也不会使鱼肉味道寡淡。

特别关注

做鱼的时候，适量添加五花肉或者猪油，会提升菜品的味道和口感。

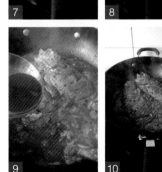

板栗烧海鳗

口味特色　鳗鱼富含多种营养，滋补价值高；板栗具有健脾胃、益气、补肾、强心的功效。海鳗和板栗一起红烧，菜品色泽诱人，口味鲜甜香浓，是秋冬季节里不可错过的一道滋补暖身菜。

原　　料　海鳗500克，板栗400克，干红辣椒4个，八角1个，葱、姜、蒜、盐、料酒、生抽、冰糖、味精适量

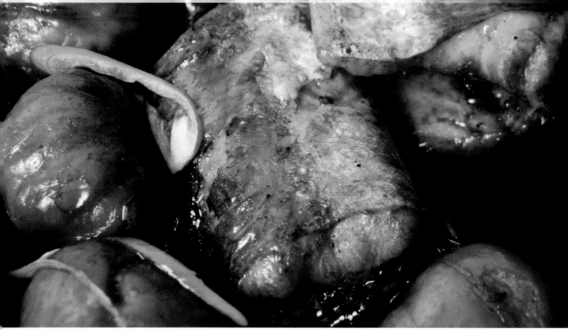

制作过程

1. 板栗洗净，在板栗皮上纵切一刀。

2. 坐锅烧水，水开后放入板栗，煮沸后继续煮5分钟。

3. 取出浸凉。

4. 去掉板栗皮，取出完整的板栗肉。

❖ 先用刀在板栗皮上划道口，然后入水煮，再浸凉，这样便于取出完整的板栗肉。

5. 海鳗去鳃去内脏，洗净沥干，切成4厘米长的段，用厨房专用纸吸干鱼身上的水。葱、姜切丝，干红辣椒切段备用。

❖ 海鳗腹内的黑膜一定要清理干净，否则腥味重。油炸前需要把海鳗身上的水吸干，否则鱼下锅后易溅油、易粘连。

6. 锅内多放些油，烧至七八成热时下入鱼段，用大火炸至鱼皮微有黄色，捞出控油。

❖ 炸鱼的时候，锅里的油多放一些，这会使鱼易上色、易炸熟炸透。

❖ 油温太低的时候不要急着下原料，否则不仅容易粘锅，而且会吃油，从而影响油炸效果。油温烧至七八成热时下鱼，鱼会很容易浮起。

❖ 刚下锅的鱼不要马上翻动，否则易使鱼肉破碎。

7. 板栗肉下油锅炸5分钟，捞出控油。

8. 另起油锅，油热后爆香葱丝、姜丝、蒜、八角和干红辣椒段。

❖ 炸鱼的油有沉淀，直接用来煸炒调味品的话，容易导致煳锅、腥味重，所以要另起油锅。

9. 下已过油的海鳗和板栗翻炒，再烹入料酒和生抽，添加一小块冰糖。

❖ 锅温高时沿锅边烹入料酒，酒精遇热后马上挥发，这样去腥、增香、提味的效果最佳。

❖ 冰糖是用来调味、提鲜的，用量以吃不出甜味为宜。冰糖还可以使菜品颜色漂亮。

10. 添加热水至没过食材，煮开，转中火继续炖。

❖ 因为原料经过油炸后很容易炖熟，所以无须加太多水，否则会使炖制时间过长，影响菜品的口感和品相。

11. 炖至收汁过半时，用盐调味。

❖ 因为盐有凝聚蛋白质的作用，添加过早，会影响营养的保留和鱼肉鲜嫩的口感。

12. 继续炖，炖至汤汁基本收干，调入味精翻炒均匀，撒上葱花即可出锅。

 特别关注

1. 原料提前经过油炸，一是为了缩短炖制时间，二是为了使鱼容易定型，三是为了使滋味更加醇厚。

2. 嫌油炸费油的话，可以用平锅煎鱼和板栗。

腐乳烧鲫鱼

口味特色 相同的食材加入不同的调味品就能烹出别具特色的滋味。鱼肉鲜甜，腐乳咸鲜，腐乳与鲫鱼搭配做出的这道腐乳烧鲫鱼咸鲜味浓，令人回味无穷。

原　料 野生大鲫鱼2条，红方腐乳2块，腐乳汁2勺，八角1个，香叶2片，花椒15粒，干红辣椒4个，大蒜8瓣，生姜、葱、料酒、盐、糖适量

制作过程

1. 鲫鱼去鳞去鳃去内脏，靠近脊骨处的瘀血冲洗干净，沥干；双面斜打一字花刀，下锅前用厨房专用纸擦干鱼身上的水。

❖ 鲫鱼腹内的黑膜要仔细去除，否则腥味重。

❖ 擦干鱼身上的水，鱼下锅后不溅油、不腥、不易粘锅。

2. 用勺子将腐乳在腐乳汁中碾碎。

❖ 碾碎的腐乳更出味儿。

3. 热锅冷油，油烧热后，下鲫鱼开大火煎，煎至两面金黄取出。

❖ 鱼下锅后直接用大火煎，这样鱼表面会迅速形成硬皮，使鱼不易粘锅。

❖ 鱼下锅时，不要着急动它，先晃动锅身，见鱼在锅里可以轻松滑动时再给鱼翻面，这样可以使鱼身保持完整。

4. 另起油锅，爆香葱、姜、蒜、干红辣椒、八角、花椒和香叶。

❖ 煸炒调味品时用小火，这样不易煳锅，而且香味释放得充分。

5. 倒入腐乳和腐乳汁，划炒出香。

❖ 腐乳和腐乳汁经过热油的炒制，其特有的咸鲜、微甜、香醇的味道会释放得更加充分。

6. 添加适量热水煮开。

❖ 鱼已经经过煎制，加热水炖可使鱼味道不腥、鲜美，而且可使鱼肉细嫩。

❖ 鲫鱼很容易熟，所以热水不要加太多，水能没过大半鱼身就可以。

7. 把煎好的鱼放入汤中煮沸。

8. 添加料酒，转中火炖。

9. 收汁过半时，尝一下味道，用盐和糖调味。

❖ 腐乳和腐乳汁很咸，所以要控制盐的用量，口轻的可以不放盐。

10. 用勺子往鱼身上不时地浇鱼汤，用大火收汁。

❖ 不时地往鱼身上浇汤汁，可以让鱼更易入味。

11. 收汁至汤汁黏稠，撒上葱花即可出锅。

特别关注

　　鱼炖制之前经过煎制或炸制，可使炖出的鱼保持鱼身完整，鱼肉更香。

蒜薹烧鲅鱼

口味特色　在青岛，蒜薹烧鲅鱼是很常见的家常做法。蒜薹爽脆，鱼肉鲜美，两者相互搭配，相得益彰。在青岛，正宗做法用的是新鲜鲅鱼，鱼不需要油煎，调味不放酱油。

原　　料　新鲜鲅鱼800克，蒜薹250克，生姜、香葱、红烧酱油、料酒、盐、白糖、白胡椒粉适量

制作过程

1. 蒜薹洗净，切段备用。

2. 鲅鱼去鳞去鳃去内脏，腹内脊部瘀血清理干净。清洗之后沥干，切成厚度均匀的鱼段。

❖ 切段的鲅鱼更容易煎透、煎熟，炖制时更容易入味。

3. 擦干鱼段上的水，热锅冷油，油热后，把鱼段平铺进锅，开大火煎。

❖ 鱼下锅煎制之前一定要把水擦干，否则溅油、易粘锅。

❖ 用大火煎，鱼肉易被煎黄，且水分不流失，口感更鲜嫩。

4. 不要急于翻动鱼，先摇动锅，见鱼段可以轻松滑动后再给鱼段翻面，双面煎黄后取出备用。

5. 另起油锅（利用锅内底油也可以），爆香生姜和香葱。

❖ 煎鱼或炸鱼之后，锅底会有沉淀，可以直接用来爆锅，但讲究一点的，需要清理之后或是另起油锅爆锅。

6. 待姜丝和香葱变黄时，下红烧酱油，加入少量热水，烧开。

❖ 姜丝和香葱煸炒至微有黄色时香味最浓郁，这时候下酱油，能充分烹出酱香，在这之后加热水，有助于提升菜品的味道。

7. 放入煎好的鱼段，煮开后转中小火炖。

❖ 炖鱼时间要足够长，这样鱼肉才容易入味。

8. 烹入料酒，收汁过半时，尝一下味道，用盐、白糖和白胡椒粉调味，继续炖。

❖ 料酒和白胡椒粉都能够用来去腥、提鲜、增香。

9. 起锅前5分钟，加入蒜薹，翻炒一下，盖上锅盖。

❖ 蒜薹的烹制时间可长可短，喜欢脆嫩口感的，蒜薹炒至断生即可；喜欢蒜薹软烂入味的，炒制时间可以再延长几分钟。

10. 烹至蒜薹断生，汤汁收尽时，即可出锅。

❖ 喜欢用菜汤泡饭的，可以多留些汤汁。

蒜仔烧鳝鱼

口味特色 大蒜和鳝鱼称得上是经典搭配。鳝鱼肉嫩味鲜，富含DHA和卵磷脂，营养价值高，这样营养美味的食材再配上浓郁的蒜香，想不好吃都难。

原　料 鳝鱼500克，大蒜2头，生姜1块，青椒2个，料酒、生抽、盐、糖、水淀粉、香油适量

制作过程

1. 生姜切丝，青椒掰成块备用。

❖ 手掰出的青椒块比用刀切出的味儿好。

2. 处理好的鳝鱼剁成段，入开水中焯一下，鳝鱼变色后马上捞出沥干。

❖ 鳝鱼比较难处理，可以请鱼贩代为收拾。

❖ 焯制可以有效去除鳝鱼表面的粘液和鱼本身的腥味。

3. 热锅冷油，油热后下入蒜瓣，煎成金黄色。

❖ 想要蒜香更浓郁，可以把大蒜拍扁再煎。煎蒜瓣的时候用小火，因为大火易把蒜煎煳，使蒜味道变苦。

4. 下入姜丝煸炒出香。

5. 下入焯好的鳝段，开大火翻炒。

6. 烹入料酒和生抽，用盐和一点点糖调味。

❖ 可以添加适量的热水焖煮一会儿，这样鳝鱼会更易入味。

7. 添加青椒，用大火煸炒至断生。

❖ 青椒最后放入，可以使其保持清脆的口感和碧绿好看的颜色。

8. 淋上一点点水淀粉，翻炒均匀，出锅前加点儿香油。

❖ 勾芡之后淋香油，可以提升菜品的色、香、味。

雪菜蚕豆烧黄鱼

口味特色　雪里蕻经过腌渍后有一种特殊的鲜味和香味，人吃了能够促进消化，增进食欲，可用来开胃。腌渍过的雪里蕻不仅可以用来做咸菜，还可以用来炒、煲汤和炖鱼。我尤其喜欢用腌渍过的雪里蕻炖鱼。

腌渍过的雪里蕻洗净、攥干之后入油锅充分煸炒，待其鲜味和香味充分释放后，加入鱼汤中。无论是炖鱼还是煲鱼汤，加入雪里蕻便可以大幅提升菜品的味道。

肉质细嫩鲜美的小黄花鱼，加上腌渍过的雪里蕻和新鲜的蚕豆，使得这道菜无论是味道还是营养都属上乘，令人一吃难忘。

原　料　黄花鱼5条，腌渍雪里蕻50克，新鲜蚕豆200克，红葱头5个，生姜2片，盐、白糖、料酒、生抽、葱适量

制作过程

1. 黄花鱼去鳞去鳃去内脏，清洗干净，擦干鱼表面的水备用。

❖ 黄花鱼腹内的瘀血和黑膜要清理干净，这是去腥的关键。

❖ 擦干鱼表面的水可以减轻腥味，而且鱼下锅以后不溅油、不粘锅。

2. 雪里蕻洗净，浸泡10分钟，攥干，切碎备用。

❖ 腌渍过的雪里蕻比较咸，下锅之前需要清洗和浸泡，这样可减轻咸味。但不能将其浸泡至无味，所以应尝后再决定浸泡时长。

3. 起油锅，爆香红葱头碎和生姜片。

❖ 红葱头碎和姜片要用小火煸炒，这样不易煳锅，香味也释放得充分。

4. 下入雪里蕻煸炒出香。

❖ 攥干的雪里蕻经过煸炒后水分会慢慢散尽。等到香味飘出时再下主料，这样雪里蕻才会鲜香味浓。

5. 黄花鱼和蚕豆平铺进锅中微煎。

❖ 黄花鱼平铺进锅中，使鱼受热均匀，这样鱼熟得快，口感好。

6. 烹入料酒，添加热水至没过食材，烧开，转中火炖5分钟。

❖ 黄花鱼肉质细嫩，不可久炖，所以水不要添加多了，否则一是味淡，二是不容易将汤汁收干，炖的时间长了还会影响黄花鱼的口感。加热水炖鱼，口感会更加细嫩，味道也会更加鲜美。

7. 用盐、生抽和一点点糖调味，继续炖一会儿。

❖ 加盐调味之后，不要马上关火，继续炖一会儿，这会让鱼肉更易入味。

❖ 雪里蕻比较咸，所以要注意适量用盐。

8. 大火收汁至浓稠，撒上葱碎即可出锅。

❖ 小黄花鱼不必久煮，以免肉质变老。待蚕豆熟透，即可调味出锅。

五香带鱼

口味特色 无论在内陆还是在沿海地区，五香带鱼都是极受大众喜爱的一道鱼菜。带鱼很常见，做法又简单，味道鲜香醇厚，所以此菜是一道老少皆宜的下饭菜。

原　料 带鱼中段400克，八角1个，香叶2片，干红辣椒4个，面粉、葱、姜、蒜、酱油、料酒、盐、白糖、五香粉适量

制作过程

1. 带鱼清洗干净，斩头去尾取用中段，然后将鱼切成4厘米左右长的鱼段，双面打上细密的一字花刀。

❖ 鱼肉厚实的话，需要打上一字花刀，这样鱼炖制的时候更容易入味，鱼肉薄的就不必了。

2. 带鱼表面蘸上一层干面粉。

❖ 鱼表面蘸一层干面粉再煎制，这样鱼不容易粘锅、容易被煎黄，且鱼肉不会变硬。

3. 平底锅里下薄油，烧热，把鱼身上多余的干面粉抖掉，然后放鱼入锅，开大火煎。

❖ 抖掉鱼身上多余的面粉，让鱼身上只留有薄薄的一层干面粉，这样煎后鱼口感好，而且不脏油。

❖ 用大火煎，能使鱼表面迅速变黄，且使鱼肉保持软嫩。

4. 煎至两面金黄，取出备用。

5. 起油锅，爆香葱、姜、蒜、干红辣椒、八角和香叶。

❖ 用小火煸炒调味品，香味释放得更充分。

6. 下酱油爆出酱香。

❖ 酱油在热油中爆一下，酱香味会更浓，颜色会更漂亮。

7. 添加热水至没过鱼身一半，烧开。

❖ 带鱼很容易熟，无须久煮，所以不要加很多水，加入的水能没过鱼身一半就可以。

❖ 加热水，鱼不腥，而且味道鲜美。

8. 下煎好的带鱼开大火烧开，转中火炖。

9. 烹入料酒，收汁过半时，用盐、糖调味。

❖ 糖是用来增鲜及调和诸味的，无须多放，以吃不出甜味为宜。

10. 添加五香粉调味。

11. 继续炖5分钟，用大火收汁，起锅前撒上葱碎。

❖ 收汁时用大火，这样会很容易将汤汁收至黏稠，使汤汁能裹紧鱼身。

熏草鱼

口味特色 熏鱼的方法各式各样，只要好吃便无须在意味道正不正宗。做这道菜我用的是炸制后用卤水浸泡的方法，做起来不算复杂，味道却出奇地好。可以一次多做点，因为做好的熏鱼放置一个礼拜也不会坏，这种鱼可以随吃随取，冷食热食均可。无论平日还是过节，随手拈来一碟熏鱼，佐酒下饭两相宜。

原　　料 新鲜草鱼中段1000克，花椒20粒，葱、姜、高汤或清水、黄酒、盐、酱油、老抽、生抽、白糖适量

制作过程

1. 新鲜的草鱼去鳞去鳃去内脏，清洗干净，沥干。
❖ 将鱼沥干能减轻鱼腥味。

2. 去头去尾后，把鱼中段切成1厘米厚的鱼片。
❖ 鱼片不要切得太薄，否则经过炸制后口感太硬、太柴。也可以先把鱼片成两片，然后再切成小段。处理鱼的时候，为防止因打滑而伤到手，可以一只手拿毛巾摁住鱼，另一只手用刀切鱼片。

3. 鱼片加黄酒、盐、酱油、葱、姜拌匀，腌上半天。

4. 提前用老抽、生抽、糖和高汤（清水也可）烧成卤水，水开后加入花椒，再煮开后关火，晾凉。
❖ 卤水中除了老抽和生抽外，其他调味品可以根据个人喜好添加。

5. 腌好的鱼片擦干表面的水。
❖ 鱼肉下锅炸之前，一定要把鱼片上的水处理干净，否则下锅后易溅油、易粘锅。

6. 起油锅，油烧热后下鱼片炸。

7. 用大火炸至鱼肉定型、颜色金黄，捞出，马上浸入晾凉的卤水中浸泡。
❖ 用大火炸鱼，会让鱼迅速定型，使鱼口感好。鱼下锅后不要马上翻动，等鱼浮起再翻动，这样鱼肉不易碎。炸鱼片的时候，鱼要一片一片地下锅，这样鱼片不容易粘连。趁热将鱼浸入卤水，鱼更容易入味。也可以在鱼浸入卤水后用小火煨，煨至卤水基本收干，这样鱼会更加入味。

8. 吃的时候，将鱼从卤水中取出装盘即可。

熏鲅鱼

口味特色 熏鲅鱼的做法不尽相同，但我觉得正不正宗不重要，好吃、喜欢吃才是硬道理。按照这个方法制作的话，鱼事先要经过24小时的腌制，然后过油炸至鱼肉紧实，再入调好的调味汁中浸泡，最后在砂锅中经过充分煨制。这道鱼算是做足了功夫，味道自然也不一般，也许会是你吃过的最美味的熏鲅鱼。

原　　料 鲅鱼2条，八角2个，花椒20粒，陈皮1块，桂皮1块，香叶3片，葱2棵，姜1小块，料酒、盐、生抽、老抽、糖、五香粉适量

制作过程

1. 冷冻过的鲅鱼至半解冻状态时去头，斜切成1.5厘米左右厚的鱼段，鱼段上的内脏去除干净。

❖ 新鲜的鲅鱼可以先冷冻一下再切，这样操作方便而且鱼肉不容易散。

❖ 鲅鱼本身腥味重，清洗的时候，紧贴脊骨处的瘀血一定要去除干净，否则腥味会更重。

❖ 鱼段不要切得太薄，否则在腌制和炸制的过程中鱼肉容易碎。

2. 添加料酒、盐、生抽、五香粉、葱末和姜末拌匀，腌制。

❖ 腌鱼时尽量少添加深色酱油和糖，因为它们经过高温油炸后颜色易发黑，味道易发苦。喜欢这两种调味品的可以在后期制作的调味汁中添加。

3. 入冰箱冷藏，腌一天一夜，中间翻面一次。

❖ 腌制和翻动鱼肉时，动作要轻，避免弄碎鱼肉。

4. 擦干腌好的鱼段上的水，下热油用大火炸。

❖ 擦干鱼上的水，鱼下锅后不易溅油，不易粘锅，而且更容易炸透。用大火炸，鱼会迅速定型，而且不费油。鱼下油锅后不要马上翻动，否则鱼肉易碎。

5. 炸至鱼肉紧实，捞出控油。

6. 砂锅内添加葱、姜、八角、花椒、陈皮、桂皮、香叶和适量水，开大火煮开，转中火继续煮5～8分钟。

❖ 多煮一会儿，能使各种调味品充分释放味道，卤汁的味道会更浓。

7. 放入炸好的鱼块，添加老抽、生抽、糖和料酒，转小火煨制，煨至汁液大部分浸入鱼肉。

8. 出锅前5分钟，适量添加些五香粉，拌匀。

❖ 出锅前再添加一次五香粉，五香味道更浓郁。

9. 关火即可，此菜冷食热食均可，放凉后食用，味道更佳。

特别关注

如果采用先炸后蒸的方法，那么第一次调味就需要把各种调味品下足，并且要充分腌制食材，只有这样食材才会入味。

葱姜糟汁鱼

口味特色　糟卤是向从陈年酒糟中提取出的香气浓郁的糟汁中加入辛香调味汁后精制而成的。经糟卤浸泡过的食材，酒香味、咸味、鲜味尽在其中，所以泡过糟卤的食材无须用其他调味品调味就可以拥有清爽鲜美的好滋味。现在我们就用鱼做原料，完成一道简单、快捷又不失美味的糟汁鱼吧。

原　　料　去头大鲢鱼1条，糟卤100克，小葱、姜、面粉、老抽、生抽、盐、白胡椒粉、糖适量

制作过程

1. 鲢鱼清洗沥干之后，双面打一字深花刀，然后切大段。

❖ 鲢鱼的鱼鳞、鱼鳃、腹内瘀血和黑膜一定要彻底清除，否则腥味太重。

❖ 若鱼太大，可以分段烹制，另外花刀可以切深些、密集些，这样鱼更易熟透和入味。

2. 鱼表面均匀蘸一层干面粉。

❖ 蘸了干面粉的鱼煎制时不容易粘锅，而且很容易上色。

3. 热锅冷油，油热后，抖掉鱼身上多余的面粉，放入油锅中，用大火煎，一面煎黄后，再煎黄另一面。

❖ 抖掉鱼身上多余的面粉，可以避免脏油和冒烟，从而避免影响煎鱼的颜色和味道。

4. 起油锅，铺一层小葱段和生姜片。

❖ 葱、姜都可以去腥、增香、提鲜，可以多放一点。

5. 放入煎好的鱼段。

6. 倒入小半碗糟卤，用大火煮开。

7. 添加老抽和生抽。

❖ 老抽上色，生抽提鲜。

8. 添加热水至没过一半食材，煮沸后转中小火继续炖。

❖ 鱼已经提前经过煎制，所以一定要加热水炖，否则肉质会变老，腥味会变重。大鱼需要用小火充分炖制，否则不易入味。

9. 收汁过半时，尝一下味道，用盐、白胡椒粉和一点点糖调味，用勺子不时向鱼上浇汤汁。

❖ 糟卤、老抽和生抽较咸，口轻的可不放盐。加糖是为了提鲜和调和诸味，无须多放，以吃不出甜味为宜。

10. 用大火收汁至汤汁浓稠，撒葱碎即可出锅。

🧑‍🍳 **特别关注**

1. 鱼小的话可以整条炖制，不必分段；分段炖制，能使鱼快速熟透，而且使鱼更容易入味；鱼段的大小可以随意调整。

2. 喜辣的，可以在爆锅的时候添加干红辣椒或者在起锅前添加油辣子。

糟溜鱼片

口味特色 糟溜鱼片是鲁菜中一道很有代表性的名菜。此菜肉质滑嫩、鲜中带甜、糟香四溢，深受美食家的青睐。糟是指在香糟曲中加入绍兴老酒、桂花卤等原料泡制而成的香糟卤，用其烹制的鱼片，味道香郁，鱼肉鲜嫩，味美无比。

原　　料 黑鱼1条，胡萝卜半根，青椒1个，黑木耳1把，糟卤50克，盐、糖、料酒、白胡椒粉、淀粉、蛋清、香油或热猪油适量

制作过程

1. 鲜活的黑鱼宰杀后，斩头去尾取中段，用刀贴紧脊骨片下两片净肉。

❖ 片鱼片之前，需要把鱼身上的水擦干，这样更方便进行下一步的操作，而且能减轻鱼的腥味。

2. 然后刀倾斜45°，把鱼肉片成厚度均匀的鱼片。

❖ 片鱼片的时候，将有鱼皮的那面贴在案板上，一手摁住鱼肉，一手拿刀，一刀刀片下厚度均匀的鱼片。鱼片无须片太薄，否则鱼肉易碎。

3. 鱼片加入盐、料酒、白胡椒粉、淀粉和少量蛋清抓匀，腌10分钟。

❖ 淀粉和蛋清都会让鱼片更滑嫩，蛋清一定不要放很多，否则加热以后会出现好多浮沫，影响菜品的口感和美观度。

4. 黑木耳提前用冷水泡发，撕成小朵，用之前入开水中焯一下。

❖ 黑木耳用冷水充分浸泡，泡发效果更好。

❖ 黑木耳用开水焯一下，一是为了干净，二是为了增加木耳的香气，提升其脆嫩的口感。当然，实现这一切的前提是使用优质木耳。

5. 胡萝卜和青椒切片。

6. 起油锅，放宽油，油烧至三四成热的时候，将鱼片分散下锅，滑油至熟，捞出沥油。

❖ 鱼片分散下锅，这样鱼片受热快、受热均匀，口感更滑嫩。滑油的时候，鱼片变色即可捞出，这样可使鱼保持细嫩的口感。追求口味清淡的，可将滑油这步改成用热水焯。

7. 锅内留底油，用大火煸炒胡萝卜、青椒和木耳。

8. 下鱼片用大火煸炒。

❖ 在滑油和煸炒鱼片的时候，可以晃动锅身，但不要大幅度翻动，以免鱼片破碎。

9. 烹入糟卤、热水，加一点点糖，晃动锅身。

❖ 糟卤有咸度，无须放盐。

10. 烧开以后，淋入水淀粉勾薄芡。

❖ 勾芡会使汤汁紧裹在食材上，使滋味更丰富，而且能减少食材营养的流失。

11. 起锅前淋入香油或热猪油。

❖ 勾芡后淋入明油，油与芡汁搭配在一起，呈半透明状，使菜呈现出油亮的光泽，起到了调色、增香、提味的作用。

糖醋鱼片

口味特色 | 酸酸甜甜的糖醋滋味最容易让人胃口大开。用炸得外酥里嫩的鱼片搭配酸甜可口的糖醋汁，一定会让这道菜成为餐桌上最抢手的美味。

原　　料 | 草鱼净肉300克，鸡蛋2个，番茄酱2大勺，生姜、淀粉、香醋、白糖、盐、料酒、白胡椒粉适量

制作过程

1. 宰杀好的草鱼取中段净肉。

2. 斜刀片出厚度均匀的鱼片。

3. 鱼片加入盐、料酒、白胡椒粉和淀粉抓匀，腌10分钟。

4. 鸡蛋液搅匀，加入适量干淀粉搅拌均匀，搅拌至浆用筷子挑起时可呈流线状落下即可。

❖ 浆若太稀，则挂不住；若太稠，则鱼片上沾的浆太多太厚，炸出来口感不好，所以浆的浓度要适中，用筷子挑起时，见其可呈流线状落下即可。

5. 鱼片倒入浆中搅拌，使所有鱼片均匀裹上一层蛋液。

6. 起油锅，烧热油，油七成热时，逐片下入裹浆的鱼片，用大火炸。

❖ 油烧热后再下鱼片，否则鱼片不容易炸脆，而且费油。可以先试一下，若鱼片下锅之后能迅速浮起，说明油温合适，这时候转成中火就可以。

❖ 鱼片要逐片下锅，不能一股脑都倒进锅里，否则，一是容易粘连，二是油温骤然降低，会延长炸制时间，继而影响食物口感。

7. 鱼片变黄后开大火，颜色变至金黄时马上捞出沥油。

❖ 开大火是为了让炸鱼外皮更酥脆，同时逼出一部分油脂，减少油腻感，但要注意观察，以免炸煳了。

8. 另起油锅，爆香姜丝。

9. 添加两大勺番茄酱、适量的香醋和糖翻炒均匀。

❖ 糖、醋的比例因人而异，一般1∶1就行。喜欢甜味的可以适量增加糖，喜欢酸味的可以适量添加醋。番茄酱的加入，可以增色、提味、增香。喜欢传统糖醋口味的，也可以不添加番茄酱。

10. 调入水淀粉，调出薄芡汁。

11. 糖醋芡汁浇在炸好的鱼片上即可。

温拌鱼片

口味特色 温拌鱼片是一道最适合在夏天吃的鱼菜，因为它清爽、美味，冷藏一下再吃的话还会使你透心儿凉。另外，做这道菜时煮妇（夫）也不用长时间守在炉灶前备受烟熏火烤的煎熬。若是家里有现炸成的辣椒油或者花椒油，只需把鱼片焯一下就能完成烹制。海鲜、肉类和淡水鱼，都可以用来温拌，前提是食材要新鲜。用来搭配鱼的根茎类蔬菜，可以根据自己的喜好自由选择、搭配。

原　　料　新鲜草鱼肉250克，黄瓜1根，胡萝卜半根，青椒1个，香菜1棵，花椒20粒，盐、料酒、白胡椒粉、淀粉、盐、糖、生抽、香醋适量

制作过程

1. 取新鲜的草鱼肉一片，片掉肚腩处的大刺。

2. 净鱼肉切成厚度均匀的鱼片。
❖ 鱼片厚度要均匀，这样焯制时才可以同时烹熟，使口感达到完美。鱼片不能太薄，否则鱼片易碎。

3. 加入盐、料酒、白胡椒粉和淀粉抓匀，腌10分钟。

4. 黄瓜、胡萝卜和青椒切片，香菜切段备用。
❖ 蔬菜可以根据个人喜好自由搭配。

5. 胡萝卜和青椒提前在热水中焯一下，沥干备用。
❖ 沥干很重要，否则拌鱼片的时候会稀释调味品，影响菜品的鲜度和口感。

6. 坐锅烧水，水开后，下鱼片焯一下。
❖ 用手抓鱼片，转圈散开放入锅中，这样鱼片不粘连、熟得快、品相好。

7. 焯至鱼片变白、浮起，马上捞出沥干，散开晾凉后和蔬菜混合。
❖ 鱼片焯制的时候，把握好火候很重要，鱼片颜色变白、浮起就要立即捞出，不能久煮，以免失去滑嫩的口感。

8. 起油锅，下花椒粒，用小火煸出香味。
❖ 油温热时即可下花椒粒煸炒，用小火煸炒不易煳，而且香味浓郁。

9. 待油温升高，捡去花椒，把做好的花椒油浇在鱼片上。
❖ 现做出的花椒油可以提香、增味，能让凉拌菜的味道更好。
❖ 也可以用干红辣椒现炸辣椒油浇在鱼片上。

10. 添加盐、糖、生抽和香醋，拌匀，撒上香菜段即可。
❖ 拌菜的时候，动作要轻，免得把鱼片碰碎。

特别关注

可以用新鲜的鲈鱼、黑鱼、牙鲆鱼等少刺的鱼替代草鱼。

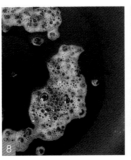

油焖虾

口味特色 可以让宾主尽欢的宴客菜，舍它其谁？哪道菜做起来简单易上手，盛出来艳光四射？我要说，是油焖虾，准没错。

原　　料 海虾400克，洋葱半个，生姜1块，大蒜4瓣，番茄酱1大勺，花雕酒、生抽、胡椒粉适量

制作过程

1. 海虾洗净沥干，剪去虾须和虾枪，开背，挑去虾线。

❖ 虾枪很容易伤到手和嘴，所以最好提前去除。

❖ 开背后的虾更容易入味。

❖ 虾线很脏，所以要去除，以免影响虾的鲜甜味道。用牙签从虾背第二节插入，向上划开挑起，这样就可以完整挑出虾线。

2. 大蒜切片，洋葱和生姜切丝备用。

❖ 切片或拍扁的大蒜更容易出味。

3. 起油锅，油热后，平铺进虾，用大火煎至两面变红后取出。

❖ 虾平铺在锅中，受热均匀，容易熟透。用大火煎制，时间短，不会导致虾肉变硬。

4. 利用锅内底油，爆香洋葱丝、生姜丝和蒜片。

❖ 洋葱、生姜和大蒜煸炒出香味后下主料，这样菜的味道会更加鲜美。

5. 下入煎好的虾用大火煸炒。

6. 烹入花雕酒，盖上盖煮一下。

❖ 加入花雕酒后，盖上盖煮一下，能起到去腥、提鲜和增加香味的作用。

7. 添加1大勺番茄酱翻炒均匀，加点生抽和胡椒粉调味。加少量热水，煮开，转中火炖5分钟。

❖ 加入番茄酱，可以增色、增鲜、增香，不喜欢番茄味道的也可以不加。

8. 大火收汁至汤汁浓稠即可。

糟卤虾

糟卤是向用科学的方法从陈年酒糟中提取出的香气浓郁的糟汁中配入辛香调味汁后精制而成的。糟卤透明无沉淀，具有陈酿酒糟的香气，味道咸鲜，口味适中，荤素浸蘸皆可。糟卤在超市调味区都有销售，按需选购即可。

口味特色

因为糟卤中香味、咸味和鲜味都有了，所以食材只需在煮熟、凉透后浸泡在糟卤中即可，因此无须添加其他调味品就可以享受到清爽鲜美的好滋味。简单的烹饪方法方便快捷，零厨艺也可以轻松搞定。

原　　料　河虾500克，小葱2棵，生姜2片，花椒15粒，糟卤、凉开水适量

制作过程

1. 河虾洗净沥干，剪去钳子和长须。
2. 坐锅烧水，加姜片、小葱和花椒。
❖ 姜片、小葱和花椒都能够去腥、提鲜、增香。
3. 煮开后，继续煮5分钟，出味后，投入河虾。
❖ 多煮5分钟，可以让味道更浓郁。
4. 用大火煮开，关火。
❖ 河虾的个头小，开锅即熟，开锅后马上关火，不可久煮，以免失去鲜嫩的口感。
5. 晾凉。
6. 糟卤加用量约为糟卤用量一半的凉开水，做成卤汁。
❖ 糟卤和水的比例以2∶1为宜，不加水的话太咸。
7. 捞出晾凉的河虾，投入糟卤中。
8. 盖上保鲜膜，放入冰箱，冷藏3小时后食用。
❖ 冷藏之后，河虾更易入味，口感更弹牙。

 特别关注

1. 鱼、肉、禽、蛋、其他水产、豆制品、毛豆、花生等，经过预处理之后，都可以用现成的糟卤浸泡，泡一两个小时就可食用。泡久点更易入味，入冰箱冷藏之后风味尤佳。
2. 糟卤较咸，所以煮虾的时候无须放盐。
3. 糟卤的用量视食材的用量而定，以刚刚能没过食材为好。
4. 糟卤可以重复利用，第二次用的时候，适量添加一些盐。

萝卜螃蟹煲

口味特色　用鲜甜可口的白萝卜搭配膏肥肉厚的鲜海蟹煲一锅暖暖的热汤，这汤不仅味道鲜美，而且营养丰富。不信你可以亲自试试看哦。

原　料　海蟹2只，白萝卜1个，生姜1小块，小葱几棵，盐、白胡椒粉、糖适量

制作过程

1. 海蟹清洗干净，沥干，揭开蟹盖，去掉蟹鳃和蟹胃备用。
2. 白萝卜切成细条备用。
3. 起油锅，爆香葱、姜。

❖ 生姜可以去腥、驱寒，葱可以增香、提味。螃蟹的味道鲜美，煲汤时无须添加过多的调味品，这样才能凸显螃蟹的鲜和白萝卜的鲜甜。

4. 下萝卜条煸炒至变软。

❖ 萝卜条下锅以后不要马上加水，待其经过充分煸炒变软后再加水炖，这样味道会更加鲜甜。

5. 添加热水至没过食材，用大火煮开。
6. 转中火炖至萝卜熟透。
7. 添加螃蟹，煮至螃蟹变红、熟透。

❖ 螃蟹入锅后无须久煮，以免肉质变老，只要煮熟煮透就行。看蟹的颜色，螃蟹完全变红就是熟了。

8. 用盐、白胡椒粉和一点点糖调味，起锅前撒上葱花即可。

❖ 煲汤最后一步才是添加调味品，这样可以很好地保留各种食材的营养和味道。

 特别关注

　　白萝卜的味道最鲜甜，若是没有白萝卜的话，也可以用青萝卜、水萝卜代替。

第四章

家常炖炒，念念不忘

紫苏炖鲫鱼

口味特色 紫苏叶既可以去腥、增香，又可以解毒、驱寒、健胃，保健功效极佳。用紫苏叶炖鲫鱼，让人丝毫感觉不到腥气，菜品味道极其鲜美，回味芳香清甘，具有很高的营养价值。

原　料 野生鲫鱼600克，紫苏叶1把，豆瓣酱1大勺，干红辣椒6个，葱、姜、蒜、料酒、生抽、老抽、盐、白糖适量

制作过程

1. 鲫鱼去鳞去鳍去内脏去鳃，清洗干净，擦干鱼身上的水。

❖ 鱼鳍附近和鱼头下方的鱼鳞需要仔细去除。鲫鱼腹内的黑膜和靠近脊骨处的瘀血一定要清洗干净，否则鱼腥味重。

❖ 鱼下锅之前要把鱼身上的水擦干，否则下锅后易溅油，也会影响菜品的口味。

2. 起油锅，爆香葱、姜、蒜、干红辣椒段。

3. 香味飘出时，把鱼平铺进锅，用中火煎。

❖ 调味品入锅以后，不要马上加主料。先用小火充分煸炒，待葱、姜、蒜和干红辣椒的香辣味道充分散发出来以后，再下主料，这样才会提升整个菜品的味道。

4. 沿锅边烹入料酒，添加一点生抽和老抽。

❖ 料酒趁锅热时沿锅边烹入，使去腥、提香的效果达到最好。

❖ 老抽上色，生抽调味。

5. 添加热水至刚刚没过鱼身，添加糖和1大勺豆瓣酱。

❖ 添加热水炖鱼，鱼不腥而且味道鲜美。

❖ 糖是用来提鲜和调和诸味的，用量以吃不出甜味为宜。

6. 用中火慢炖，收汁过半时加进紫苏叶并用盐调味。

❖ 紫苏叶和鱼、蟹同煮，不仅可以为鱼增香、提味，还可以对人起到解毒、驱寒、健胃的作用。

❖ 老抽、生抽和豆瓣酱较咸，口轻的可以不放盐。

7. 待汤汁基本收尽，撒上点葱花。

8. 出锅装盘，即可食用。

鲶鱼炖茄子

口味特色　要说这鲶鱼和茄子，可真是食材当中的一对黄金搭档。大家都知道茄子喜油，而鲶鱼正好满足了茄子的这个需要。鲶鱼油多，单做会腻口，若是和茄子搭配，就不会出现这种情况了。爆锅时只需用很少的油，就可以做到鲶鱼肥而不腻，茄子鲜香味浓，使两者相得益彰。茄子沾了鲶鱼的香，鲶鱼浸了茄子的味。难怪俗话说"鲶鱼炖茄子，撑死老爷子"。

原　　料　野生鲶鱼350克，紫茄子2个，干红辣椒4个，葱、姜、蒜、香菜、红烧酱油、料酒、盐、糖适量

制作过程

1. 茄子去蒂，切滚刀块，然后加一点盐拌匀，提前腌一下。

❖ 茄子腌制后不吸油，更容易入味。

2. 鲶鱼去鳃去内脏，用水清洗干净，沥干，切成小段。

3. 切段后的鲶鱼入热水中焯一下，煮滚后捞出，沥干备用。

❖ 鲶鱼表面的粘液腥味很重，可以用盐或者醋清洗，也可以提前焯制，两种方法都能彻底去除粘液和腥味。

4. 起油锅，爆香葱、姜、蒜和干红辣椒。

5. 烹入红烧酱油，炒出酱香味。

❖ 酱油烹入热油中，酱香浓郁，颜色漂亮。

6. 腌好的茄子轻轻攥一下，除去水，入锅煸炒，为茄子上色。

7. 添加焯烫过的鲶鱼，烹入料酒。

8. 添加热水，用大火煮开，转中火继续煮；将茄子煮至绵软，用盐、糖调味。

❖ 炖鱼用热水，味道鲜美、不腥。

❖ 因为茄子提前腌制过，有底味，所以一定要注意适量用盐。

9. 用大火收汁，起锅前撒上蒜末和香菜段。

 特别关注

1. 嘴上有两根须的鲶鱼是野生鲶鱼，野生鲶鱼肉质细腻鲜美。

2. 如果把鲶鱼和茄子提前过油炸一下，做出的菜味道更香醇。

得莫利炖鱼

得莫利炖鱼是一道东北特色菜，起源于得莫利村。由于这个村北靠松花江，在鱼多的时候，这里的村民就主要靠打鱼来维持生计。在20世纪80年代初，村里的一对夫妇在路边开了家小饭店招待路上歇脚吃饭的过路人。他们把当地的活鲤鱼（也可以用鲶鱼、鲫鱼、嘎牙子鱼）和豆腐、宽粉条等炖在一起，味道十分鲜美。后来，菜的做法不胫而走，成了一道著名的菜品。这种乱炖，只要备好料，有足够的耐心，其实做起来很简单。

口味特色

原　料　鲜活鲤鱼1000克，五花肉250克，北豆腐400克，白菜叶3片，宽粉1把，豆瓣酱1大勺，干红辣椒6个，八角1个，花椒10粒，香叶3片，桂皮1块，香菜1棵，葱、姜、蒜、料酒、盐、白糖、煮过肉的水适量

制作过程

1. 五花肉提前煮至能用筷子穿透。

❖ 煮过的肉更香，煮肉的水也可以被充分利用。

2. 宽粉提前用温水泡软。

3. 北豆腐切大片，煮熟的五花肉切大片，白菜切大块。

❖ 因为要经过长时间的炖制，所以食材不要切得太小、太碎。

4. 鲤鱼去鳞去鳃去内脏，清洗干净后沥干。擦干鱼身上的水，入油已烧热的平锅，用大火煎至两面金黄。

❖ 鱼下锅炖制之前用油煎，不但可以去腥、提鲜、增香，还可以使鱼在炖制的时候更容易定型。

❖ 擦干鱼身上的水，煎鱼的时候不溅油、不易粘锅。

❖ 煎鱼的时候，先把锅烧热，然后放油，油热了以后下鱼，用大火煎。鱼下锅以后不要马上动它，先用铲子轻微触碰，见鱼身能轻易滑动时再翻面，可使鱼保持完整不碎。

5. 葱切段，姜切片，大蒜拍扁备用。

6. 起油锅，爆香葱段、姜片、蒜、干红辣椒、八角、花椒、香叶和桂皮。

❖ 煸炒调味品的时候用小火，这样香味浓郁，还不易煳锅。

7. 加入1大勺豆瓣酱炒香。

❖ 豆瓣酱经过热油的充分煸炒，酱香味道才会浓郁，但要注意不要炒煳，要用小火不断划炒。

8. 加适量煮过肉的水烧开。

❖ 用煮过肉的水来炖鱼，菜品的味道会更加香醇。水要适当多加些，因为粉条吃水。

9. 下入煎好的鱼和五花肉，用大火煮开，转中火炖。

❖ 炖鱼时间要足够长，至少炖30分钟，这样鱼和肉的味道才能充分释放，才能相互融合。

10. 烹入料酒，用盐、糖调味。炖至鱼入味，下入豆腐和宽粉，继续炖10分钟。

❖ 粉条若是没有提前浸泡，就需要提前放入锅中。

11. 最后添加白菜。

❖ 白菜易熟，所以要最后添加。

12. 炖至白菜软烂，撒香菜碎出锅即可。

特别关注

豆瓣酱可以用自己喜欢的任意酱料代替。

蒜蓉豆豉炖黑鱼

口味特色 如果你喜欢蒜蓉和豆豉的味道，那可不要错过这道菜哦。将蒜蓉和豆豉炒香，然后跟鱼放在一起炖，这样，鱼便沾染了蒜蓉和豆豉的香醇味道，鱼的滋味也变得更加美妙。

原　　料 新鲜黑鱼1条，豆豉2大勺，大蒜6瓣，生姜、小葱、酱油、料酒、盐、白糖适量

制作过程

1. 黑鱼去鳞去鳃去内脏，清洗干净，沥干备用。

2. 黑鱼切成2厘米厚的鱼段，擦干鱼身上的水。

❖ 擦干鱼身上的水能减轻鱼的腥味，而且使鱼在煎制的时候不溅油、不粘锅，使鱼的味道更好。

3. 热锅冷油，油热后，下入鱼段，用大火煎至两面金黄取出。

❖ 黑鱼下锅之前也可以用开水焯一下，去除表面粘液和腥味。

4. 生姜切片，大蒜拍扁，豆豉剁碎备用。

❖ 豆豉剁碎以后更容易出味。

5. 利用锅内底油，爆香姜片、蒜和豆豉碎。

❖ 用小火充分煸炒，葱、姜、蒜和豆豉的香味才能充分释放，菜品的味道才会更好。

6. 添加酱油炒出酱香，添加热水。

7. 下入煎好的鱼块，用大火煮开。

8. 烹入料酒，转中火继续煮。

9. 收汁过半时，用盐和糖调味，继续炖5分钟，用大火收汁至汤汁黏稠，关火，撒上葱花即可。

❖ 豆豉有咸味，所以要注意适量用盐。

 特别关注

喜欢辣味的，可以在爆锅的时候适量添加干红辣椒。

啤酒炖鱼头

口味特色　用啤酒炖鱼，不仅可以去腥，还可以让鱼肉更香浓、更鲜美、更滑嫩。这次我用啤酒炖花鲢鱼头，滋味格外鲜美，味道十分醇厚。

原　　料　花鲢鱼头1个、八角1个、香叶2片、桂皮1块、啤酒1瓶、小葱、姜、蒜、酱油、盐、糖适量

制作过程

1. 花鲢鱼头去鳃，清洗干净，沥干，从中间纵向一分为二劈开。

❖ 用厨房专用纸或干净毛巾把鱼头上的水擦干，一是为了去腥，二是为了让鱼头更易入味。

❖ 劈开鱼头会使鱼头更易煮透，使鱼头更易入味。

2. 生姜切片、大蒜切块。

❖ 生姜和大蒜处理成小块，味道会释放得更充分。

3. 起油锅，爆香八角、香叶、桂皮、生姜和大蒜。

4. 香味浓郁时，添加酱油爆出酱香。

❖ 用热油爆香酱油，酱香味道更浓郁。

5. 添加啤酒煮开，用盐、糖调味。

❖ 用啤酒炖鱼，肉香味浓，滋味鲜美。

6. 加入鱼头和小葱结，用大火煮开，转中小火炖。

❖ 炖鱼头不能用大火，否则鱼头容易炖散。用小火慢炖，时间要足够长，这样鱼头才够味。

7. 不时用勺子舀鱼汤浇在没浸在汤里的鱼头上。

❖ 用汤汁浇淋，既避免了给鱼翻面，又能让没有浸在汤中的鱼肉也入味。

8. 炖至汤汁浓稠即可出锅。

❖ 汤汁适合用来泡饼和拌面，可以根据自己的需要，适当多留一些汤汁。

特别关注

1. 吃鱼头，最好选花鲢。花鲢也叫胖头鱼或鳙鱼，头大口阔，头部占整个身长的1/3左右。由于鳃部含有丰富的胶原蛋白，所以大家都爱吃花鲢头。

2. 小一点的鱼头一分为二时，中间不要切断，这样摆盘好看。入锅炖制之前，用平锅将鱼头反正面煎至稍微泛黄，这样鱼头炖好后味道会更加鲜香浓郁。

银鱼炖豆腐

口味特色 别看银鱼很小，它的味道却非常鲜美，一点不比别的鱼差。纯正的卤水豆腐配上新鲜的银鱼，一起入锅煮滚后用一点盐调味，在出锅前撒点葱花做点缀，这样就足可以凸显海味的鲜活魅力和自然之美了。这道菜烹法简捷，味道原汁原味。

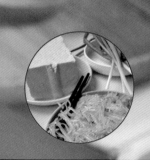

原　　料 新鲜银鱼200克，卤水豆腐300克，生姜、小葱、香菜、盐、白胡椒粉、香油适量

制作过程

1. 豆腐切块，在加了盐的开水中浸泡5分钟。

❖ 豆腐提前用热水浸泡或是焯制，能有效去除豆腥味，而且使豆腐口感嫩、不易碎。

2. 起油锅，爆香葱、姜。

3. 下入豆腐块略煎。

4. 加入热水至没过食材，煮滚后加盐，用中火炖5分钟。

5. 添加新鲜的银鱼。

6. 煮至银鱼变白。

❖ 银鱼变色即可关火，不可久煮，以免口感变老。

7. 适量添加白胡椒粉、葱花、香菜，最后滴几滴香油即可出锅。

❖ 新鲜的银鱼味道十分鲜美，所以调味无须复杂，以免掩盖食材本身的鲜味。白胡椒粉可以有效地去腥、提鲜、增香。滴入香油是烹饪中的点睛之笔。

鲫鱼豆腐汤

口味特色 　在鲫鱼肥美的季节里，用鲫鱼搭配豆腐做汤，汤的味道鲜美纯正，堪称味美价廉的平民版滋补汤。

原　　料 　新鲜小鲫鱼4条，卤水豆腐300克，葱、姜、料酒、盐、白胡椒粉、白糖适量

制作过程

1. 鲫鱼去鳞去鳃去内脏，腹内的黑膜清理干净，冲洗沥干。

❖ 鲫鱼腹内的黑膜一定要彻底清除，否则鱼腥味重。

2. 用干净毛巾或厨房专用纸把鱼身上的水擦干。

❖ 鱼下锅之前，需要用干净毛巾或厨房专用纸把鱼身上的水擦干，这样鱼入锅后不溅油、不粘锅，而且味道不腥。

3. 热锅冷油，油热后下鱼，用大火煎。

4. 两面煎黄，推至锅边。

❖ 鱼煎过后再炖，炖出的鱼汤更香醇。

5. 利用锅内底油爆香葱、姜。

6. 烹入料酒。

7. 添加热水至没过鱼身，用大火烧开，继续煮。

❖ 鱼两面煎黄后加热水，这样更容易熬出白汤，而且味道鲜美不腥。想要鱼汤奶白，只需在汤烧开后让其一直保持沸腾的状态。

❖ 用勺子撇净汤面的浮沫，这也是去腥的一个妙招。

❖ 锅里的水尽可能一次添足，若是中途加水，一定要加热水。

8. 豆腐切成麻将块，提前用热水焯一下。

❖ 用热水提前把豆腐焯一下，可以有效去除豆腐的豆腥味，而且使豆腐口感更嫩滑。

9. 汤汁变白时放豆腐，转中火，继续炖5分钟。

10. 添加白胡椒粉，用盐和一点点糖调味。

❖ 除了盐和糖外，不必添加其他调味品，这样可保证汤鲜味美、口味纯正。

11. 起锅前撒上葱花即可。

黑鱼木耳豆腐汤

口味特色　鱼头和鱼骨可是好东西，可以用来烧、炖、煲汤，做出的味道比用鱼肉做出的鲜，营养也更丰富。今天这道菜，就是用片鱼片剩下的鱼头和鱼骨搭配豆腐和黑木耳做成的鱼汤。用新鲜的鱼头和鱼骨，可熬出一锅汤色奶白、味道鲜美、滋味纯正的鱼汤，用鱼肉则无论怎样烹制都无法做出这样的汤。

原　　料　新鲜的带肉黑鱼骨头和鱼头500克，卤水豆腐300克，水发黑木耳1把，生姜、葱、大蒜、料酒、盐、白胡椒粉、白糖适量

制作过程

1. 新鲜的黑鱼片完鱼片后，鱼骨剁成小段，鱼头剁成两半备用。

2. 豆腐切麻将块，提前用热水焯一下。

❖ 豆腐下锅之前用热水焯一下，可以很好地去除豆腥味，而且使豆腐口感嫩滑、不易碎。

3. 鱼骨和鱼头提前用热水焯一下，沥干备用。

❖ 鱼下锅之前焯制，能够很好地去腥，也可以采用油煎的方式来去腥。

4. 起油锅，爆香姜、蒜。

5. 下入鱼骨和鱼头，用大火煎。

6. 烹入料酒。

❖ 锅温高时沿锅边烹入料酒，能够很好地去腥、增香、提味。

7. 添加适量的热水，用大火煮开，转中火继续煮10分钟。

❖ 用热水煮出的鱼汤不腥，而且更加鲜美香醇。想要汤色奶白，只需煮开后让汤一直保持沸腾状态；想要汤色清澈，只需煮开后转成小火即可。

8. 添加豆腐继续煮5分钟，用盐、白胡椒粉和一点点糖调味。

❖ 糖是用来提鲜和调和诸味的，无须放很多，放一点点就可以。

9. 添加水发黑木耳，煮开。

10. 撒上葱花即可出锅。

特别关注

炖鱼汤用整鱼亦可。做这道菜，可用鲜活的海鱼或其他淡水鱼替代黑鱼。

茼蒿银鱼丸汤

银鱼味道鲜美，性味平和，几乎适合所有人食用。银鱼的做法有很多种，可以用来做银鱼饼，也可以用来炒鸡蛋、炖豆腐，还可以将它和五花肉一起剁成馅，做成银鱼丸。用银鱼做鱼丸，应该是最简单最省事的了。因为银鱼本身个头小，是一种可整体食用的鱼类珍品，处理银鱼不像处理其他鱼时那么费劲，直接乱刀将其剁碎即可，尤其适合懒人。用鱼丸做汤，汤中添加些茼蒿，味道鲜美无比，营养十分丰富。

原　料　新鲜银鱼250克，五花肉250克，茼蒿1把，鸡蛋1个，小葱、生姜、淀粉、料酒、白胡椒粉、盐、味精、生抽、醋、香油适量

制作过程

1. 生姜剁成碎末，小葱切碎备用。

❖ 生姜和小葱处理得越碎越好。追求完美口感的话，可以用葱丝、姜丝泡水，然后把泡过葱、姜的水搅打进馅料。

2. 茼蒿洗净沥干，切成寸段备用。

3. 银鱼洗净沥干后和五花肉一起剁成细腻的馅料。馅料加入葱碎、姜碎、淀粉、料酒、白胡椒粉、盐、生抽和香油搅拌，最后加入一个鸡蛋搅拌均匀。

❖ 手工剁的馅料不论是味道还是口感都比机器搅打出来的好。加入五花肉不仅能增香、提味，还能提升馅料的口感。

❖ 淀粉、香油、鸡蛋都可以让馅料更滑嫩。

4. 坐锅烧水（可以适量添加高汤），水温热时，用小勺挖取调好的鱼肉馅，依次入水。

❖ 丸子不能等水开后再入锅，否则烹熟鱼丸的时间前后相差太大，影响鱼丸的口感。

5. 开大火煮开，撒入切好的茼蒿段，关火。加入盐、白胡椒粉、醋和味精调味，出锅前点几滴香油即可。

❖ 丸子全部入水后再开大火烧开，煮开后马上关火，这时候丸子的口感最好。茼蒿下锅即可关火，余温会让茼蒿继续受热，使其颜色和口感达到最佳。

特别关注

1. 没有银鱼的话，可以用其他新鲜的鱼替代。

2. 可以选用其他绿叶蔬菜来替代茼蒿。

雪菜冬笋黄鱼汤

口味特色 | 冬季正是品尝雪里蕻和冬笋的好时节。黄鱼、雪里蕻和冬笋搭配，加上一勺烧滚的猪油，这样烹出的鲜汤滋味美妙得只可意会，不可言传。这道汤绝对是节日宴客菜首选！

原　　料 | 黄花鱼1条，水发冬笋100克，腌渍过的雪里蕻50克，猪油1勺，姜、小葱、黄酒、盐、白胡椒粉、白砂糖适量

制作过程

1. 黄花鱼去鳞去鳃去内脏，清洗干净，沥干，双面斜打一字花刀。
2. 冬笋切片，雪里蕻清洗之后攥干，切成小段。
❖ 腌渍过的雪里蕻比较咸，需要通过清洗或浸泡来减轻咸味。
❖ 雪里蕻下锅之前需要攥干。
3. 热锅冷油，下入一勺猪油，烧热。
❖ 加点猪油做这道菜，味道会更加醇厚、鲜美。
4. 下黄花鱼用大火煎，一面煎黄后翻面，继续煎另一面。
❖ 鱼下锅煎之前，需要把鱼身上的水擦干，否则易溅油、易粘锅。
❖ 煎鱼时用大火，一面没有煎黄前不要急于翻动鱼。先晃动锅身，待鱼能在锅内滑动时再翻面，这样可以使鱼保
  持鱼身完整。
5. 煎好的黄花鱼推至锅边，利用锅内底油煸炒冬笋和雪里蕻。
6. 煸炒至水分散尽，烹入黄酒，添加热水至没过食材，烧开，加姜片和小葱结。
❖ 雪里蕻下锅之后，需要在油锅里反复煸炒，炒至水分蒸发干净，只有这样味道才会浓郁。
7. 继续煮5分钟，用盐、白胡椒粉和一点点糖调味。
❖ 想要鱼汤迅速变白，只需开锅之后继续用大火煮。
❖ 煲汤时要最后调味，这样利于保留食材的营养和鲜味，也利于人体健康。
8. 继续煮一小会儿，撒上葱花即可关火。

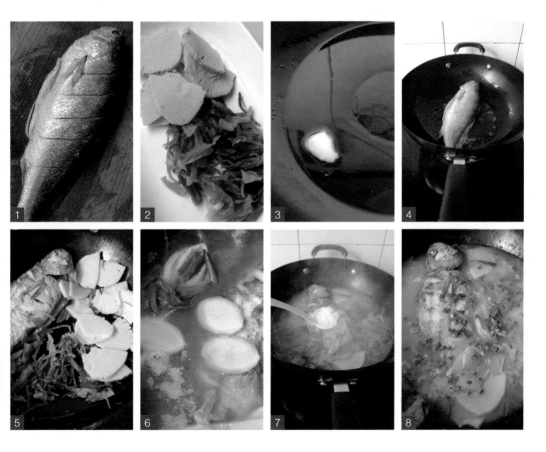

酱焖鲤鱼

口味特色　这道酱焖鲤鱼，也是一道好吃易做的家常菜，食材易得，做法简单。制作时，我把自己喜欢的豆瓣酱和老干妈辣酱以1∶1的比例混合加入，外加一点点盐和糖调味，这样炖出的鲤鱼鲜甜味美，味道不同寻常。这种混合过的酱料可以用来烹鱼菜，也可以用来烹肉菜。

原　　料　鲤鱼1条，郫县豆瓣酱1大勺，老干妈辣酱1大勺，葱、姜、蒜、盐、白糖、料酒、白胡椒粉适量

制作过程

1. 鲤鱼去鳞去鳃去内脏，腹内瘀血、黑膜清理干净，清洗之后沥干，双面斜打一字花刀。

❖ 鱼鳞一定要彻底清除，鱼的背部、鳃部、腹部和靠近鱼鳍处的鳞比较难清理，需要格外注意。

❖ 鱼腹内靠近脊骨处的瘀血一定要彻底清除，否则鱼的腥味重，影响菜品的品质。

❖ 花刀浅划即可，不必划太深，否则加热以后鱼容易变形，影响菜品的品相。

2. 生姜和大蒜剁成碎末。

❖ 姜、蒜剁碎更易出味。

3. 起油锅，爆香姜末、蒜末。

4. 添加豆瓣酱和辣酱，用小火煸炒，炒出红油和香辣味。

❖ 用小火煸炒不容易煳锅，而且酱香味道会更浓郁。

5. 添加适量的热水煮开。

6. 放入鲤鱼，用大火煮开后转中火炖。

❖ 鱼下锅之前要沥干，然后把鱼身上的水擦干，这样不腥，味道更好。

7. 烹入料酒。

8. 用勺子不时将鱼汤浇在鱼上。

❖ 炖鱼的过程中可不时用勺子舀鱼汤浇在鱼上，这样不仅不用给鱼翻面，还能使鱼更容易入味。

9. 收汁过半时，用盐、糖和白胡椒粉调味。

❖ 豆瓣酱和辣酱都比较咸，口轻的可以不加盐。

10. 继续炖5分钟，用大火收汁，收汁至汤汁黏稠时关火，撒上葱花即可。

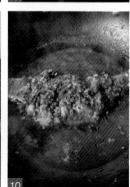

酱焖鲜鲅鱼

口味特色 鲅鱼也叫马鲛鱼，这种鱼肉多刺少，味道鲜美，营养丰富，肉质坚实紧密，非常适合酱焖。用豆瓣酱焖煮、用料酒去腥、用盐和糖调味的这道酱焖鲅鱼绝对会让你爱不释口。

原　　料 鲜鲅鱼1000克，洋葱半个，大蒜6瓣，生姜1小块，干红辣椒4个，八角1个，豆瓣酱2大勺，葱、料酒、白糖、盐适量

制作过程

1. 鲜鲅鱼去鳃去内脏，洗净沥干，斜切成3厘米长的鱼段。

❖ 鱼的内脏、鳃、腹内黑膜、贴近脊骨处的瘀血一定要彻底清除，否则腥味重，影响菜品的味道。

❖ 清洗好的鱼一定要沥干并擦干鱼身上的水，这样鱼下锅以后不溅油、不粘锅，味道更鲜香。

2. 洋葱和生姜切丝，干红辣椒切段备用。

3. 起油锅，爆香姜丝、蒜、洋葱丝、干红辣椒段和八角。

❖ 用小火充分煸炒葱、姜、蒜和干红辣椒，让其香味充分释放后下主料，这样会使菜品的味道更好。

4. 下豆瓣酱用小火炒香。

❖ 酱料煸炒应注意火候，要全程用小火不断划炒，这样可使酱香味道更浓郁，同时可以避免炒煳。

5. 下入鱼段略微煎一下。

6. 沿锅边烹入料酒。

❖ 料酒要在鱼经过充分煎制后、锅的温度足够高时，沿着锅边烹入，这样去腥、提味的效果最佳。

7. 添加热水至没过鱼，用大火煮开。

❖ 煎过的鱼加热水炖，味道鲜美。最好一次将水加足，若是中间加水，也要加热水，若加冷水则会导致鱼肉变硬，味道变腥。

8. 用一点点糖调味。

9. 盖上盖转小火焖，待收汁过半时，尝一下味道，用盐调味。

❖ 炖鱼不能用大火，而要用中小火。炖制的时间要充分，这样鱼才会鲜香入味。

10. 用大火收汁至汤汁黏稠，撒上葱花做点缀即可出锅。

小锅鱼粑粑

[口味特色] 这里的粑粑是一种以玉米面为主，豆面为辅，添加了适量的小苏打等的面食。烹制时可以把粑粑贴在锅边，和锅里的鱼一起烹。开小火，凭借锅里的水，让饼在锅中处于半蒸半烙的状态，这样可以让熟透的粑粑的底部结出一层金黄的酥皮。这样做出来的粑粑里面暄，外边脆，而且透着鱼香，绝对让人胃口大开。

[原料] 新鲜小杂鱼1000克，八角1个，花椒15粒，葱、姜、蒜、香菜、酱油、料酒、味精（可以不加）、盐、白糖适量

制作过程

1. 小杂鱼收拾干净，清洗后沥干备用。

❖ 鱼沥干后腥味轻，下锅后不溅油、不粘锅。

2. 葱切段，姜切丝，大蒜拍扁备用。

❖ 拍扁的大蒜比整瓣的大蒜更容易出味。

3. 热锅冷油，油热后下八角、花椒、葱段、姜丝和蒜，煸炒出香。

❖ 煸炒调味品时用小火，充分炒出香味后下主料，这对保证菜品味道纯正非常重要。

4. 下酱油炒出酱香。

❖ 热油煸炒过的酱油能充分释放酱香，颜色漂亮，向菜中添加煸炒过的酱油后所出的效果与把酱油直接淋在菜上或汤里所出的效果绝对不一样。

5. 下小杂鱼，添加热水至没过食材。

❖ 水不要加太多，以免稀释小杂鱼的鲜味。

6. 烹入料酒。

7. 用大火煮开，转中火炖。

8. 收汁过半时，用盐和一点点糖调味，继续炖5分钟。

❖ 新鲜小杂鱼味道鲜美，无须过多调味。盐能吊出鱼的鲜味；糖能提味、增鲜、调和诸味，糖的用量以吃不出甜味为宜。

9. 大火收汁到自己喜欢的程度，加点味精（可以不加），撒上葱花、香菜即可。

❖ 炖小杂鱼时多留些汤汁，蘸着汤汁吃鱼肉更美味。

 **特别关注**

　　锅足够大的话，粑粑可以直接贴在鱼锅的锅边。若是锅小，可以用其他平底锅或是电饼铛做粑粑。制作粑粑，应先用玉米面和豆面以3:1的比例混合，然后加入一点小苏打、鸡蛋、糖和适量水和匀，再将面糊贴在热锅上用小火烙。用粑粑配小杂鱼一起食用，堪称黄金搭配。

银鱼炒鸡蛋

口味特色 | 新鲜的小银鱼最家常的做法之一就是与鸡蛋一起炒。银鱼炒鸡蛋不仅做法简单、味道鲜美，而且营养价值很高，富含蛋白质以及人体必需的氨基酸，能滋阴润燥、养血安胎。

原　料 | 海银鱼150克，土鸡蛋4个，料酒、盐、白胡椒粉、小葱适量

制作过程

1. 银鱼冲洗干净，沥干，用料酒、盐和白胡椒粉腌10分钟。
❖ 洗净的银鱼要彻底沥干或者晾干，否则会影响鱼的口感和味道。腌鱼的时候，腌制时间不可过长，否则鱼肉会变硬。

2. 鸡蛋液加盐搅拌均匀。
❖ 搅拌蛋液的时候加盐，能使鸡蛋更容易入味。

3. 添加小葱碎拌匀。

4. 起油锅，油烧热后下银鱼，炒至颜色变白。
❖ 银鱼肉质细嫩，下锅以后不要大幅度翻动，以免鱼肉破碎。

5. 添加混合了小葱的鸡蛋液。

6. 用大火翻炒均匀，蛋液凝固即可出锅。

 特别关注

很小的银鱼可以直接添加在鸡蛋液中混合搅拌。

芝麻椒盐小河鱼

口味特色

干炸小河鱼口感香酥，这道芝麻椒盐小河鱼在原味的基础上又增添了咸鲜味和香辣味，鱼肉不仅口感细嫩，还保持了鲜鱼的本真味道。这样一道家常美食，极适合在闲散的周末，身着家居服，舒坦地坐在自家餐桌前，悠闲自在地品味。

原　　料

小河鱼500克，熟芝麻20克，小米辣椒4个，椒盐、葱、姜、面粉、盐、料酒适量

制作过程

1. 小河鱼去鳃去内脏，清洗干净，沥干。

❖ 嫌麻烦的话，可直接将鱼头连同内脏一起扯掉。

2. 加盐、料酒、葱和姜拌匀，腌10分钟。

❖ 鱼提前腌制能去腥、提味，但不能腌太久，否则鱼肉会变硬。

3. 捡去葱、姜，滤去水，在鱼身上均匀裹一层干面粉。

❖ 最好用厨房专用纸把鱼身上的水擦干，否则鱼身上会粘太多干粉，从而影响煎鱼的效果。

4. 平底锅烧热后下薄油，油烧热后，把小鱼平铺进锅，用中火煎至两面金黄取出。

❖ 提前煎制过的鱼经过炒制或烧制后味道会更加香醇。

5. 利用锅内底油爆香葱碎。

❖ 用小火先把葱碎煸炒至颜色泛黄，只有这样葱香才会浓郁。

6. 下煎好的小鱼煸炒。

❖ 煸炒小鱼的动作要轻，以免弄碎鱼身。

7. 撒椒盐，翻炒均匀。

❖ 椒盐可以用黑胡椒粉、辣椒粉或孜然粉等替代。

8. 均匀撒上一层小米辣碎和熟芝麻即可。

酸辣鱼汤煮鱼面

口味特色	鱼面是湖北特产，酸菜是四川特产。用鱼面、酸菜和野生鲫鱼做原料，再加入泡椒、红椒和白胡椒粉调味，就烹出了这锅鱼面弹牙、汤鲜味美、酸辣开胃、令人一吃难忘的酸辣鱼汤煮鱼面。
原　料	鱼面150克，野生鲫鱼400克，酸菜半棵，泡椒4个，葱、姜、蒜、香菜、红椒、料酒、味精、白胡椒粉、盐适量

制作过程

1. 鱼面冲洗干净，用冷水浸泡。

❖ 鱼面是风干过的，所以耐煮，提前浸泡过的鱼面会更容易煮熟、煮透。

2. 鲫鱼去鳞去鳃去内脏去腹内的黑膜、瘀血，清洗之后用厨房专用纸擦干鱼身上的水。

❖ 鲫鱼腹内的瘀血和黑膜一定要彻底清除，否则腥味重。

❖ 把鱼身上的水擦干，鱼下锅后不溅油、不粘锅。

3. 酸菜冲洗干净，切碎，再次冲洗，浸泡10分钟，攥干备用。

❖ 酸菜咸味重，但浸泡时长视情况而定，因为不浸泡的话酸菜太咸，浸泡久了会没味儿。最好的方法是泡时尝尝酸菜的味道，待酸味和咸味适中的时候赶紧捞出攥干。

4. 葱、姜、蒜和泡椒切碎备用。

5. 热锅冷油，油烧热后下鲫鱼，用大火把鱼两面煎成黄色，将鱼推至锅边。

6. 利用锅内底油爆香葱碎、姜碎、蒜碎和泡椒碎。

❖ 酸菜、鱼和泡椒，三者的味道最搭。不能吃辣的，可以不把泡椒切碎。

7. 下酸菜翻炒至水蒸发干净、酸香味飘出。沿锅边烹入料酒，添加适量的热水，用大火煮开，转中火煮10分钟。

❖ 酸菜要用大火煸炒，只有酸菜中的水完全蒸发，才可以让酸香的味道充分释放。若是煎鱼的锅小，可以另起油锅煸炒酸菜，然后把它和煎好的鱼放在一起煮。

8. 下浸泡过的鱼面，用大火煮开，转中火继续煮，煮至鱼面无硬心。

9. 添加白胡椒粉，尝一下味道。

❖ 白胡椒粉可以去腥、提味，临出锅时添加，可避免香味挥发掉。

10. 加入适量的盐和味精，起锅前撒上香菜、红椒圈做点缀。

❖ 酸菜和泡椒都比较咸，所以盐要酌情添加。

 **特别关注**

1. 我用的是湖北黄梅的鱼面，若是没有的话，可以用普通的耐煮的面条替代，当鱼汤炖出味后加入面条即可。

2. 湖北黄梅鱼面，选用鲜鱼制作而成。鱼面的制作方法是，去鱼刺、鱼皮，鱼肉剁成泥，加入一定比例的淀粉、食盐揉成面，用擀面杖将面团擀成薄面饼，然后卷成卷，用大火蒸20~30分钟，出笼后冷却，之后横切，最后放在日光下晒干。鱼面形似普通面条，但更精细，以"色香味形"著称于世，为湖北特产中的精品。鱼面可以用来单炖、与肉同炖、做火锅主料，亦可油炸食用。

3. 鲫鱼可以用其他淡水鱼或海鱼替代。做汤的鱼一定要新鲜，这是保证汤鲜味美的首要条件。

草鱼饺子

口味特色 用新鲜的草鱼肉加用量约为草鱼肉用量1/4的肥猪肉做馅。纯手工剁馅，然后加入啤酒搅打馅料，最后向馅料中添加姜末和葱碎即可。吃过这顿用草鱼肉做的水饺才知道，原来用淡水鱼做出的饺子味道也不错，那鲜美弹牙的馅料和绝妙的滋味一点不亚于用海鱼做出的饺子。

原　料 新鲜草鱼肉400克，肥猪肉100克，蛋清1个，面粉400克，冷水约200克，啤酒、小葱、姜、油、盐、味精、生抽、白胡椒粉适量

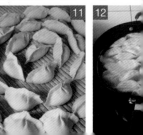

制作过程

1. 面粉分次添加冷水，用筷子搅成湿面絮，然后揉成光滑的面团，盖上保鲜膜醒半小时。

❖ 揉好的面团静置一段时间会更加筋道，吃起来口感更爽滑。醒面时要用湿布或者保鲜膜盖上，否则面团表皮会干。

2. 草鱼去鳞去鳃去内脏，清洗干净，擦干鱼身上的水。从鱼尾处入刀，贴紧脊骨，朝着鱼头水平切下大片鱼肉。

❖ 草鱼腹内瘀血和黑膜一定要彻底清除，否则腥味重。擦干鱼身上的水，一是为了去腥，二是为了片鱼的时候不容易打滑。给整条鱼片鱼片的时候，可以拿干净毛巾摁住鱼头，这样不容易伤到手。

3. 靠近鱼头处竖切一刀，取下大片鱼肉，另一面也用同样的方法片下鱼肉。

4. 整片鱼肉上的大刺片掉，然后斜刀45°片下鱼肉，去掉鱼皮。

❖ 鱼皮若是不去掉的话，腥味重，会影响馅料的颜色和口感。取鱼肉的时候，使有鱼皮的那面贴在案板上，一手按住鱼肉一端，一手斜刀切入鱼肉，但不要切断，然后紧贴鱼皮片下鱼肉，方便快捷。

5. 肥猪肉先切成小块，再切成小丁。

6. 猪肉和鱼肉混合在一起，剁成细腻的馅料。

❖ 纯手工剁出来的馅其口感和味道比机器搅出来的好。

7. 分次在馅料中添加啤酒，顺时针搅拌。搅打上劲后，添加油、盐、味精、生抽、白胡椒粉和1个蛋清搅打均匀。

❖ 啤酒可以去腥、提鲜、让馅料的口感更加嫩滑。搅打馅料的时候要始终朝着一个方向搅打，这样才更容易上劲。最后加入1个蛋清搅拌均匀，这也是为了让馅料口感更滑嫩。

8. 生姜剁成末，小葱切成碎末。葱碎、姜末加进鱼肉馅里，朝着一个方向搅打均匀。

❖ 若要追求完美口感，可以用葱、姜泡水，然后用泡过葱、姜的水剁馅。

9. 醒好的面团取出，揉匀，分割成大小均匀的面剂，然后擀成厚度均匀的圆形饺子皮。

❖ 面团要揉匀，这样才能使口感筋道爽滑，才能在煮饺子的时候不破皮。

10. 包入馅料，对折，捏合。

❖ 捏饺子的手法很多，只要将边缘捏紧不漏馅就行。

11. 全部包好。

❖ 盖帘上要撒点干粉，免得饺子粘连在一起。

12. 起锅烧水，水开后下饺子。盖上盖煮开，向锅内添加点凉水，再盖上盖，用大火煮开后点凉水。三开三点，待第四次开锅时捞出装盘。

❖ 饺子下锅之前，先用勺子将锅内的水沿一个方向推动，让水转起来，这时候下饺子，饺子不会沉底。饺子下锅后，迅速用勺子背推动饺子在锅里转起来，这也是为了防止饺子粘锅或互相粘连，然后盖上锅盖煮就可以了。煮饺子的水要多放些，这样饺子熟得快，还不易破碎。

特别关注

1. 用淡水鱼包饺子，鱼一定要选用鲜活的，而且最好选野生鱼，这种鱼肉质细嫩、味道鲜美、没腥味。

2. 若是鱼肉有腥味的话，可以在调馅的时候分次加入花椒水。

3. 搅好的鱼肉馅可以作为馅饼、包子的馅料，也可以做成鱼丸。

4. 黄花鱼、鲈鱼、马鲛鱼、牙鲆鱼都可以用来包饺子。

咸鱼野菜大包子

口味特色　春天，正是吃野菜的大好季节。本地野菜中，我个人比较偏爱荠菜和山苜楂。饺子是荠菜的好，包子是山苜楂的鲜。这次我用新鲜鲅鱼干、山苜楂和韭菜包了一锅发面大包子。这是典型的有着北方沿海风味的大包子，除了油、盐、酱油和味精外，别的调味品一点也没添加。我虽然用到了鱼干，用的还是腥味比较重的咸鲅鱼干，但做出来的包子却丝毫吃不出腥味，包子不仅不腥，还鲜香四溢，使人满口留香，凸显了山野菜鲜、香、醇美的味道。

原　　料　咸鲅鱼干1条，猪肉250克，山苜楂500克，韭菜200克，香菜2棵，面粉500克，酵母4克，温水约250毫升，香油、酱油、料酒、油、盐、味精适量

制作过程

1. 酵母用温水稀释，添加面粉。一边添加，一边用筷子搅成湿面絮，然后揉成光滑的面团，盖保鲜膜放温暖处醒发。

2. 咸鱼干冲洗干净表面的盐和杂质，然后切成丁。

❖ 咸鱼干若是自己制作的，咸味轻，可以洗洗直接用；如果是买来的，一般咸味很重，那么需要浸泡后再使用。

3. 猪肉洗净后切成肉丁，加酱油和料酒拌匀，腌一会儿。

❖ 提前腌制肉会更入味。山苜楂喜油，野菜、肉、咸鱼干这三种食材搭配，做出的饺子风味独特，鲜香味美。带点肥肉的肉更香。

4. 山苜楂择洗干净之后，入热水中焯烫至变色。

5. 捞出冲凉后，在冷水中浸泡半天，中间换水两次。

❖ 山苜楂有苦涩的味道，将其提前焯烫、充分浸泡可以改善其口感和味道。

6. 泡好的山苜楂挤干水，切碎备用。

❖ 水要挤干，否则不仅会影响馅料的味道，还会塌湿包子皮，影响面的蓬松度。

7. 韭菜洗净，沥干，切碎备用。

❖ 韭菜入馅前一定要彻底沥干，而且尽量在最后添加。待其他食材和调味品都混合好了，面皮擀好了，再加入切碎的韭菜轻轻拌匀。不要用力搅拌，一是为了让韭菜不出水，二是为了让它的味道更好。

8. 醒好的面团取出，揉匀，排气。

9. 分割成大小均匀的面剂，擀成中间稍厚四周稍薄的面皮。

10. 把所有食材混合，添加香菜碎和油拌匀，然后添加盐和味精调味，最后添加一点点香油提味。

11. 包入馅料，捏成圆包子，收口处捏紧。

12. 包好的包子加盖湿布，放温暖处继续醒发，醒发至面皮松软。包子凉水下锅，开锅后继续蒸15分钟关火，虚蒸3分钟后取出。

❖ 发面包子包好以后，不能马上入锅蒸，需要经过二次醒发。醒发的时长随季节和室温的变化。只要包子面皮松软了，拿在手里感觉很轻盈了就是醒发好了。

❖ 只要醒发充分，包子冷水下锅或热水下锅都可以。若是二次醒发不够充分的话，还是选择冷水下锅比较好，因为在水升温的过程中，面可以继续醒发。

特别关注

咸鱼干尽量选择新鲜的、颜色浅的，变黄了的鱼干，味道和口感会大打折扣。咸鱼干有咸味，所以要注意适量用盐。

1

2

3

4

5

6

7

8

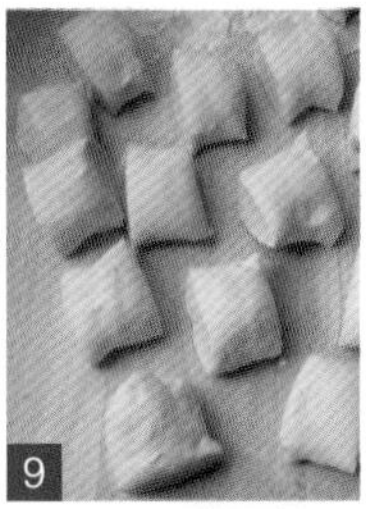
9

10

11

12

葱姜炒爬虾

口味特色 | 葱、姜可以为海鲜去腥、提味、增鲜，其中，姜还可以缓和海鲜的寒性。用油煸炒葱、姜，待其香味充分释放后加入爬虾一起煸炒，只需简单调味，便能烹出一道鲜美又不失爬虾本真味道的葱姜炒爬虾了。

原　　料 | 新鲜爬虾500克，干红辣椒4个，小葱、姜、蒜、生抽、料酒、盐适量

制作过程

1. 生姜切丝，大蒜切片，小葱和干红辣椒切段。

2. 热锅冷油，油热后，下葱段、姜丝、蒜片和干红辣椒段煸炒。

❖ 爆锅的时候用小火，待葱、姜、蒜变软，颜色变黄时下主料，这样葱、姜、蒜的香味才会浓郁。

3. 煸炒出香后，下洗净沥干的爬虾，用大火煸炒。

❖ 爬虾下锅之前一定要彻底沥干，不要带水下锅，否则会延长烹熟爬虾的时间，也会影响其口感和味道。爬虾下锅时转成大火。

4. 爬虾变色后，沿锅边烹入料酒。

❖ 这时候锅的温度高，沿锅边烹入料酒，酒精会瞬间蒸发，去腥、增香、提味的效果最好。

5. 添加生抽和一点点盐。

❖ 加盐能为爬虾提鲜。

6. 添加一点点热水。

❖ 加热水是为了让爬虾更入味，但不要加太多，否则容易使鲜味流失。

7. 盖上锅盖，继续煮3分钟。

❖ 调味后加盖锅盖，是为了让爬虾彻底熟透，但不要久煮，否则会影响爬虾鲜嫩的口感。

8. 用大火收汁，出锅前撒上葱段，翻炒均匀即可。

❖ 爬虾熟透出锅时，微微有点汤汁为好。

白菜炒虾

口味特色

这道菜在北方沿海比较流行。它食材易得，做法简单，营养美味，老少皆宜。

将海虾和白菜搭配，不论是炒还是炖，味道都异常美味。要想凸显虾的鲜美弹牙，可以先把白菜炒软，取出，然后用油爆虾，虾熟后，把菜与虾混合均匀即可；要想让白菜充分浸润海虾的鲜味，可以稍稍炖一下。无论采用哪种方法烹制虾和白菜，都能烹出好味道。菜成之后，白菜吸足了虾的鲜，虾肉浸润了白菜的甜，菜品味道得以完美升华。

原 料　白菜叶子4片，海虾6只，干红辣椒4个，香菜1棵，葱、姜、料酒、盐、味精适量

制作过程

1. 海虾剪去虾枪和长须，剔除虾线，用厨房专用纸吸干虾身上的水。

❖ 虾枪很尖利，特别是大虾的，一不小心就会伤到手或嘴巴，所以要提前剪掉。虾枪多剪点，更有利于虾脑的流出。

❖ 用牙签插入虾身第二节，向上挑起，这样就能挑出完整的虾线。

2. 白菜叶子撕成大块。

❖ 手撕的白菜叶子出水少，而且味道比用刀切的好。

3. 葱、姜和干红辣椒处理成小块。

4. 热锅冷油，油热后，将虾平铺进锅，用中火煎。

5. 煎至虾身变红，用铲子反复挤压虾头，炒出红红的虾油。

❖ 用铲子挤压虾头，使虾脑流出，经过热油的煸炒，颜色漂亮，味道鲜美。

6. 把虾拨至锅边，利用锅内底油爆香葱块、姜块和干红辣椒块。

7. 下入白菜叶子用大火翻炒，沿锅边烹入料酒。

8. 继续用大火煸炒，菜叶变软后，用盐和味精调味。

❖ 虾的味道鲜美，所以调味无须多，这样才能凸显虾的鲜。

❖ 喜欢软烂口感的，可以加点水，然后盖上盖焖一会儿。

9. 翻炒均匀，撒上香菜段即可出锅。

特别关注

白菜叶子炒出来的味道比用白菜帮炒出的鲜甜。追求完美口感的话，可以提前把白菜叶子炒软，盛出，然后添进煎好的虾里，用大火翻炒几下。

小白虾炒韭菜

口味特色 | 新鲜的小白虾味道鲜美，营养丰富，是用来补钙的上好食材。用春天的头刀韭菜清炒活蹦乱跳的小白虾，只需用盐调味，就能"鲜掉眉毛"。

原　　料 | 新鲜小白虾200克，韭菜1把，鸡蛋3个，盐适量

制作过程

1. 新鲜的小白虾冲洗干净，沥干。

❖ 沥干很重要，若带水下锅会使虾腥味重、溅油，而且会影响菜品的味道。

2. 韭菜洗净、晾干、切段。

❖ 韭菜洗好以后，摊开，放在通风处自然晾干。

3. 鸡蛋打散，搅匀。

❖ 鸡蛋液搅打要充分，这样炒出来的鸡蛋才会口感蓬松、嫩滑。

4. 热锅冷油，油烧热后，下鸡蛋液。待蛋液微微凝固时划散，推至锅边。

❖ 鸡蛋在后面的操作中会继续受热，所以不必等蛋液完全凝固后再划散，否则口感会变老。

❖ 炒好的鸡蛋可以盛出，也可以拨至锅边，但将鸡蛋拨至锅边的前提是锅足够大，不影响炒制其他的食材。

5. 利用锅内底油炒小白虾，炒至颜色变白。

❖ 小虾由透明变白，就证明虾已经熟透。

6. 下韭菜，开大火翻炒。

7. 用盐调味，韭菜变色时马上关火盛出。

❖ 韭菜下锅后翻炒几下即可出锅，余温会让韭菜继续受热，炒久了会影响其口感和味道。

👨‍🍳 **特别关注**

_1._ 新鲜的淡水虾也可以和韭菜一起炒。

_2._ 要想吃口感嫩的鸡蛋，在鸡蛋没有完全凝固时盛出即可；想吃口感蓬松的鸡蛋，则锅里的油要多放一些，待油烧热后下蛋液，不要搅拌，直接用大火烹，使鸡蛋液迅速在油锅里膨胀，然后用铲子划散盛出即可。

海虹炒辣椒

海虹是北方人对贻贝的称呼，南方人也叫它青口贝。海虹令人百吃不厌的做法就是与辣椒一起炒。辣椒的选择可视自己的嗜辣程度而定。新鲜的海虹肉味道鲜美，烹饪时只需先用姜、蒜爆锅，然后把辣椒和海虹肉一起入锅用大火爆炒，再用盐调一调味，就会非常鲜美诱人了。若是用新取的海虹肉，用大火爆炒一会儿就行；若是用非新取的海虹肉，那就要相对延长炒制时间，而且在炒制的时候要沿锅边添加一点热水，然后盖上锅盖焖一小会儿，煮透收汁后才可出锅，这样更安全，菜也更易入味。

口味特色

原　料 | 新鲜海虹500克，绿尖椒6个，干红辣椒4个，姜、蒜、料酒、生抽、盐适量

制作过程

1. 新鲜的海虹择洗干净，沥干，倒入锅中，盖上盖煮开。
❖ 带水下锅的话，会影响海虹肉的鲜味。
❖ 煮的过程中，看到海虹张口就应立即关火，煮久了会使海虾肉失去鲜嫩的口感。

2. 剥壳取出海虹肉，去掉海虹肉上的足丝。
❖ 海虹肉上有一条像草一样的东西，那就是足丝，不能吃，要去掉。

3. 姜切丝、蒜切片、干红辣椒切成段，绿尖椒切小块。

4. 起油锅，爆香干红辣椒段和姜丝、蒜片。
❖ 用小火充分煸炒，才能让香辣味充分释放，才能使菜品的味道更浓郁。

5. 煸炒出香后，下绿尖椒块用大火翻炒几下。

6. 下海虹肉用大火翻炒。

7. 烹入料酒和生抽，用盐调味。
❖ 海虹肉十分鲜美，所以调味无须复杂，以免掩盖其本身的鲜味。海虹肉本身有咸味，所以要注意适量用盐。

8. 炒匀出锅即可。
❖ 因为海虹肉是熟的，所以只需翻炒几下，让调味品充分将其浸润就可以出锅了，否则海缸肉会失去鲜嫩的口感。若用的不是刚煮熟的海虹肉，就需要适当延长炒制时间，或者加点热水把它煮透，这样才可以放心食用。

黄瓜木耳炒扇贝

口味特色 扇贝味道鲜美，富含蛋白质和维生素，营养价值高。作为一种优质的海水养殖品种，扇贝常年可上市，但春季的扇贝质量较好。新鲜扇贝味道十分鲜美，只需洗干净，然后入锅，盖上锅盖，直接开大火干煮即可，水都不用添加。扇贝煮开口后，把贝肉取出来，用来凉拌、热炒、煲汤皆可，做出的都是绝佳的美味。

原　　料 新鲜扇贝2斤，刺黄瓜2根，干黑木耳1小把，干红辣椒4个，生姜、大蒜、料酒、生抽、盐、水淀粉适量

制作过程

1. 黑木耳提前水发，清洗，撕成小朵，用开水
焯一下。

❖ 用冷水充分浸泡过的黑木耳口感脆嫩，但黑木耳里
有杂质和细沙，需要好好清洗，否则会影响口感。
清洗的时候，可以在水中加盐，也可以加点面粉，
然后用手搓洗，搓洗之后用水冲净，最后捞出沥干。
用开水焯过的木耳更干净，香味更浓。

2. 扇贝壳用刷子清洗干净，沥干。

3. 干煮扇贝，煮至贝壳开口即关火。

❖ 煮的过程中，扇贝会出水，所以锅里无须加水，加
水会让贝肉的鲜味流失。

❖ 贝壳开口即可关火，无须久煮，以免失去了鲜嫩的
口感。

4. 取出贝肉备用。

5. 黄瓜、姜、蒜切片，干红辣椒切段。

6. 起油锅，爆香姜片、蒜片和干红辣椒段。

7. 倒入黄瓜片翻炒几下。

8. 下水发木耳和扇贝肉，继续用大火翻炒。

9. 烹入料酒，用盐和生抽调味。

❖ 新鲜的贝类味道十分鲜美，无须再加其他调味品。

10. 淋入少量水淀粉，翻炒几下，待汤汁黏稠并
包裹食材之后盛出。

❖ 不喜欢加水淀粉的，这一步可以省略。

🧑‍🍳 **特别关注**

1. 用尖椒、鸡蛋和扇贝肉做小炒，味道也很不错。

2. 这种食材组合也可以用来做汤，但需在最后淋入
鸡蛋液。

鲍鱼炖小土豆

口味特色　将鲍鱼和土豆放在一起炖，鲍鱼的汁水不丢不洒，全都留在了锅底，浓浓的汁水裹在每一颗小土豆和每一个鲜嫩的鲍鱼肉上，使土豆香与鲍鱼鲜相得益彰。这道菜看起来"灰头土脸"的，可味道和口感绝对不凡。

原　料　迷你小土豆30个，鲜活鲍鱼8个，葱、姜、盐、红烧酱油适量

制作过程

1. 鲍鱼的外壳以及鲍鱼肉的边缘用刷子刷洗干净，沥干备用。

❖ 鲍鱼外壳很脏，需要仔细刷洗。鲍鱼肉的边缘有层黑膜，需要用细毛刷才能够彻底去除。

❖ 洗好的鲍鱼要沥干才能下锅，否则会影响菜品的味道。

2. 土豆去皮，洗净，沥干；起油锅，爆香葱、姜。

❖ 如果没有小土豆，那么可用大土豆，但大土豆需要切块。切块后的土豆需要清洗并沥干，否则干煎的时候容易粘锅。

3. 下入小土豆干煎至土豆变色。

❖ 多煎一会儿，土豆更香。

4. 烹入红烧酱油，继续煸炒至土豆上色。

❖ 红烧酱油烹入热油中，酱香味道会更浓郁，颜色也更红亮。

5. 添加适量的热水，用大火煮开，转中火慢炖。

❖ 水不要放太多，否则不仅会冲淡味道，还会让上色的土豆掉色，加入水至没过一半土豆即可。

6. 土豆炖至用筷子能够插透时加入鲍鱼，用大火煮开。

7. 用盐调味，翻炒均匀，然后转中火继续炖5分钟。

❖ 鲍鱼下锅之后炖制的时长视鲍鱼的大小而定。鲜鲍鱼炖至熟透即可，无须炖太久，否则会影响鲍鱼鲜嫩的口感。

8. 大火收汁至汤汁黏稠，即可出锅。

 **特别关注**

1. 土豆提前在油锅里炸一下，效果会更好。

2. 鲍鱼的外壳有很高的药用价值，其内脏也可以吃。介意有内脏的话，可以去掉内脏。大的鲍鱼打上花刀会更容易入味。

海蛎子萝卜丝水饺

这是一道具有正宗沿海风味的饺子。向新鲜的青萝卜、海蛎肉和香菜中加入一勺猪油拌匀，再滴几滴香油增香，最后加些许盐调味。如此烹制，海蛎子的鲜味就会从咬开饺子皮的那一刹那倾泻而出。萝卜喜油，所以将海蛎子和青萝卜搭配，做出的饺子营养美味、清新爽口、味道纯正。

青萝卜500克，海蛎肉200克，面粉500克，水约250克，葱、姜、香菜、盐、味精、香油、猪油适量

制作过程

1. 朝面粉中一点点加水，用筷子搅拌成湿面絮，然后揉成光滑的面团，盖保鲜膜醒半小时。

❖ 醒过的面团更有筋性，包出的饺子不容易破皮，口感爽滑弹牙。

2. 青萝卜清洗之后擦成丝。

❖ 没有青萝卜的话，可以用白萝卜或水萝卜替代。

3. 萝卜丝焯烫2分钟，捞出过凉水。

❖ 萝卜提前焯烫一下，可以去除生萝卜的特殊气味，使味道更佳。

4. 萝卜丝攥干，剁碎备用。

❖ 萝卜丝一定要攥干，否则做出的馅不入味、不好包。

5. 葱、姜、香菜切成碎末备用。

❖ 切碎一是为了出味儿，二是为了在包饺子的时候更容易操作。

6. 海蛎肉添加少量盐和清水，使其在盆中旋转之后用手抓捏，去除夹杂的碎壳和杂质，然后捞出干净的海蛎肉备用；将萝卜丝、葱、姜、香菜和海蛎肉混合。

❖ 用手抓捏海蛎肉，便于去除里面夹杂的碎壳。大的海蛎肉需要用刀切成小块。

7. 添加1大匙猪油、适量盐和味精拌匀。

❖ 萝卜喜油，所以油要多放一点，若加点猪油，味道会更香。

8. 添加少量香油拌匀即可。

❖ 最后加入香油，可以起到增香、提味的作用，也可以让食材少出水。

9. 取出面团，揉匀，分割成大小均匀的面剂，擀成厚度适中的饺子皮。

10. 包入馅料，捏成饺子。

11. 坐锅烧水，水开后下饺子，煮开后点凉水，再煮开后再点凉水，第三次点水煮开后，捞出饺子盛入盘中。

🧑‍🍳 特别关注

野生海蛎的肉比养殖的更鲜美。

茼蒿虾仁三鲜水饺

口味特色 | 茼蒿和虾仁是黄金搭配，若辅以猪肉调成三鲜馅料，那滋味，堪称一绝。

原　　料 | 茼蒿250克，海虾200克，猪肉200克，生姜1小块，面粉400克，水约200克，料酒、油、生抽、白胡椒粉、盐、味精适量

制作过程

1. 朝面粉内分次加水，先用筷子搅成絮状，然后揉成光滑的面团，盖上保鲜膜醒半小时。

2. 猪肉切成小丁，加姜末、料酒和生抽拌匀腌制。

❖ 手切的猪肉比机器绞出来的味道好。

3. 虾去头去壳去虾线，切成小块，加白胡椒粉和料酒腌制。

❖ 现剥的虾仁比成品虾仁味道好。

4. 茼蒿洗净沥干，切碎备用。

❖ 茼蒿本身水分多，洗好之后一定要彻底沥干，否则不容易包，而且会冲淡馅料味道。

5. 把步骤2~4的原料混合。

6. 先加入油拌匀，然后添加盐、味精拌匀。

❖ 先加入油拌匀，使茼蒿出水少而慢。另外，馅料拌好以后要马上包，否则茼蒿会出很多水，这样就难操作了。

7. 取出面团，揉匀，分割成大小均匀的面剂，擀成厚度适中的饺子皮。

8. 包入馅料，捏成饺子。

9. 全部包好，盖帘上要撒些干面粉，以免饺子在静置时发生粘连。

10. 坐锅烧水，水开后下饺子，煮开后点凉水，再煮开后再点凉水，第三次点完凉水煮开后，捞出饺子盛入盘中。

芸豆花蛤汤面

口味特色 夏天的芸豆最有味，特别是"老来少"这一品种。芸豆嫩嫩的，肉肉的，若将其和鲜美的蛤蜊肉及蛤蜊原汤搭配做成汤卤，那滋味真是绝妙。

原　料 花蛤400克，芸豆1把，鲜切鸡蛋面300克，鸡蛋2个，生姜、大蒜、小葱或香菜、盐适量

制作过程

1. 花蛤洗净，加水煮开。

❖ 因为花蛤汤要留用，所以水要加至完全没过花蛤。花蛤一开口就要立即关火，以免花蛤肉变老。

2. 取出花蛤肉，花蛤汤沉淀后备用。

❖ 花蛤汤中多多少少会有些细小的沙子，静置一段时间后，沙子会沉淀至底部，这时候慢慢倒出上半部清澈的汤汁即可。沙子多的花蛤，可以把花蛤肉放在花蛤原汤中清洗，洗完后用漏勺在汤中旋着捞出花蛤肉，然后静置花蛤汤。如此反复两次，便能彻底去除花蛤肉和花蛤汤中的沙子了。

3. 芸豆择去筋角，切成薄片。

❖ 芸豆切薄片后更容易熟；芸豆片厚度要均匀，这样烹熟时间相同，芸豆口感好。

4. 起油锅，爆香姜末、蒜末。下芸豆用大火煸炒至透明、变软。

❖ 芸豆下锅以后，不要急于添加汤汁，待充分煸炒至芸豆变软、变色、豆腥味被去除后下汤汁，这样菜品的味道才好。

5. 添加花蛤原汤，用大火煮开后转中火煮，煮至芸豆软烂。

❖ 芸豆已经过煸炒，再加上切得薄，所以很容易熟透，不必久煮。煮芸豆时可随时尝一尝芸豆的口感，以便掌握火候。

6. 淋入搅好的鸡蛋液。

❖ 鸡蛋液要转圈淋入沸腾的锅中，这样浮起的蛋花才均匀。

7. 待蛋花浮起，倒入花蛤肉，关火，用盐调味，撒点葱花或者香菜碎。

❖ 花蛤肉最后倒入，是为了使其保持鲜嫩的口感。若花蛤肉不是现煮、现取的，就需要将其煮滚以后再关火。

❖ 花蛤肉和原汤的味道十分鲜美，所以只需用盐调味，这样才能凸显贝类的鲜美。

8. 煮面的时候另起锅，水烧开后下面条。

9. 面条煮至无硬心时捞出冲凉，沥干备用。

❖ 面条煮制时间不能一概而论，有的面耐煮，有的面不耐煮，所以尝是最简单、最科学的办法，无硬心是检验面已经煮好的标准。煮好的面条马上冲凉，会让面条口感筋道、不粘连，但需要彻底沥干后浇卤。

10. 取适量面条，浇上刚出锅的汤卤即可。

❖ 汤卤多放一些，使其完全没过面条，这样才够味。

 **特别关注**

1. 买来的花蛤可以用海水或者淡盐水浸养半天，这样可以让花蛤吐尽泥沙。

2. 花蛤原汤已十分鲜美，所以调味无须多，只用盐就足够了。调味时千万不要用酱油，否则汤的颜色和味道都会被改变。

第五章

香辣开胃，拯救食欲

豆瓣鱼

口味特色 把郫县豆瓣酱剁碎炒香，再跟鱼放在一起烧，使豆瓣酱特有的鲜香麻辣味道跟鱼鲜味融合在一起，滋味好到你难以想象。吃时再配上一碗白米饭，简直是绝配。

原　　料 新鲜鲫鱼2条，郫县豆瓣酱2大勺，大蒜1头，生姜1块，小葱2棵，盐、白糖、生抽、水淀粉适量

制作过程

1. 大蒜、葱白和生姜分别剁成碎末，豆瓣酱剁碎备用。

2. 鲫鱼去鳞去鳃去内脏，清理干净腹内黑膜和脊骨处的瘀血，洗净沥干。擦干鱼身上的水，双面斜打一字花刀。

❖ 鲫鱼腹内的黑膜和靠近脊骨处的瘀血一定要彻底清除，否则腥味重。

❖ 双面均匀打上花刀，鱼会更容易入味。花刀无须切深，否则煎制和烧制的过程中，鱼容易变形，甚至会断开。

3. 热锅冷油，油烧热后，下鲫鱼用大火煎。

❖ 用大火煎鱼，鱼不易粘锅。鱼刚下锅时不要去动它，先煎一会儿，用铲子轻微触碰鱼，待鱼在锅里可以轻松滑动时再翻面煎另一面。

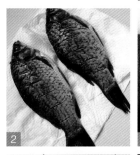

4. 一面煎黄后翻面，煎至两面金黄取出。

❖ 煎鱼时间不可过长，以免鱼肉变老。

5. 利用锅内底油，下豆瓣酱划炒出红油。

❖ 郫县豆瓣酱剁碎后更容易出味。油要比平常做菜时放的多一些，这样更容易将豆瓣酱炒香、炒出红油。

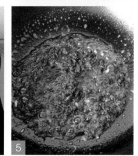

6. 下葱末、姜末、蒜末炒香。

❖ 葱、姜、蒜多切一点，切细一点，这样更能突显这道菜的风味。葱、姜、蒜在油锅里充分煸炒出香时下主料，这样菜品的味道才会浓郁。

7. 添加适量热水煮开。

❖ 加热水，能使鱼肉鲜嫩不腥，而且使鱼易熟。

8. 放入煎好的鱼，用大火烧开，转中火炖。

9. 收汁过半时，用盐、糖和生抽调味，然后继续炖5分钟。

❖ 郫县豆瓣酱较咸，所以要注意适量用盐。口轻的可以不放盐。

10. 把鱼铲出装盘，锅内的鱼汤勾薄芡，用大火烧开，浇在鱼身上即可。

❖ 勾薄芡后，鱼肉的口感更滑嫩。芡汁不能太浓，要勾薄芡，让薄芡汁能挂在鱼身上就可以了。

川味黄辣丁

口味特色　黄辣丁就是我们平时常说的嘎鱼。这种鱼皮薄肉细，鲜嫩无比，堪称鱼中上品。要做川味黄辣丁，郫县豆瓣酱和泡椒是必不可少的原料。根据个人口味调整好调味品的用量，将调味品放入锅中跟鱼一起烧制，这样便可得到一道麻辣醇香、细腻鲜美、令人齿颊留香的佳肴美味。

原　料　黄辣丁500克，郫县豆瓣酱1大勺，泡椒6个，花椒20粒，香菜1棵，葱、姜、蒜、料酒、盐、白胡椒粉、白糖适量

制作过程

1. 黄辣丁去鳃去内脏，清洗干净，沥干备用。

❖ 清洗黄辣丁的时候要注意安全，因为鱼的背鳍和鳃两边的鳍硬而尖，容易伤手。

❖ 贴近鱼脊骨处的瘀血一定要清理干净，鱼清洗之后要彻底沥干，这样能减轻鱼的腥味。

2. 葱切段，姜剁碎末，大蒜拍扁，豆瓣酱和泡椒剁碎备用。

❖ 豆瓣酱和泡椒剁碎后，更容易出味。

3. 起油锅，爆香葱段、姜末、蒜和花椒。然后下豆瓣酱和泡椒，用小火炒出红油和香味。

❖ 用小火充分煸炒，香辣味道才会充分释放，才能炒出漂亮的红油。

4. 添加适量的热水煮开。

❖ 水不必放很多，因为黄辣丁很容易熟透，若是水加多了，一是会冲淡味道，二是会延长炖制时间，让鱼失去鲜
  嫩的口感。水能没过大部分鱼身就可以。

5. 放入黄辣丁，用大火烧开。

6. 添加料酒，用一点点糖和白胡椒粉调味。

7. 收汁过半时，用盐调味。

❖ 豆瓣酱和泡椒都比较咸，所以要注意适量用盐。

8. 大火收汁，出锅前撒香菜段即可。

 特 别 关 注

豆瓣酱和泡椒的用量根据自己的口味和嗜辣程度酌情调整。

剁椒烧鲫鱼

口味特色 | 对喜欢吃辣的朋友来说，剁椒菜几乎是餐桌必备。这道剁椒烧鲫鱼，将剁椒的鲜辣和鲫鱼的鲜甜充分融合在一起，鲜辣爽口，开胃下饭。

原　料 | 新鲜大鲫鱼2条，剁椒2大勺，番茄酱1大勺，小洋葱4个，生姜2片，料酒、盐、白糖、生抽、葱、香菜适量

制作过程

1. 新鲜的鲫鱼去鳞去鳃去内脏，清洗干净，沥干备用。

❖ 鲫鱼腹内的黑膜和靠近脊骨处的瘀血一定要清理干净，否则腥味重，影响菜品的味道。

2. 双面斜打一字花刀，用厨房专用纸擦干鱼身上的水。

❖ 双面打上均匀的花刀，鱼会更易入味。花刀不必切深，否则加热后鱼易变形。

❖ 擦干鱼表面和腹内的水，这样煎鱼的时候不溅油、不粘锅。

3. 热锅冷油，油热后下鲫鱼，用大火煎至两面金黄，取出。

❖ 先把锅烧热再下油，油烧热后再下擦干了的鱼，直接用大火煎。鱼下锅以后不要马上去动它，先晃动锅身，待鱼能在锅中轻松滑动时再翻面，这样可以使鱼保持完整。

4. 另起油锅，爆香洋葱碎和姜末。

❖ 煎鱼的锅腥味重，另起油锅可提升菜品的品质。

❖ 洋葱碎和姜末用小火充分煸炒，这样会使香味浓郁。

5. 下2大勺剁椒和1大勺番茄酱，翻炒均匀，炒出香味。

❖ 炒酱的时候用小火不断划炒，这样不易糊锅，还能使味道释放得充分。

6. 添加热水煮开，把煎好的鱼放进去，煮沸。

7. 烹入料酒，转中火煮。

8. 不时用勺子舀汤汁浇在鱼上。

❖ 用勺子往鱼上浇汤汁，既可以避免给鱼翻面，还可以让鱼肉充分入味。

9. 收汁过半时，加点盐、糖和生抽调味。

❖ 剁椒较咸，要注意把握盐的用量。

10. 大火收汁至汤汁浓稠时关火，撒上葱花和香菜碎即可。

特别关注

鱼炖制之前用油煎一下，一是为了定型，二是为了去腥、提味、增香。

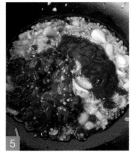

口水鱼片

口味特色 这道口水鱼片的味道浓郁、香辣，特别解馋，是一道地地道道的下饭菜。

原　　料 新鲜草鱼净肉300克，豆豉1大勺，油炸花生米2大勺，熟芝麻1大勺，干红辣椒、葱、姜、蒜、盐、料酒、白胡椒粉、淀粉、鲜酱油、香醋、白糖、香油、辣椒油适量

制作过程

1. 新鲜的草鱼肉，斜刀片成厚度均匀的鱼片。

❖ 鱼片无须片太薄，否则鱼肉易碎。

2. 鱼片加入盐、料酒、白胡椒粉和淀粉抓匀，腌10分钟。

❖ 鱼片提前腌制，可以去腥、入味，加淀粉是为了让鱼片口感更滑嫩。

3. 豆豉和干红辣椒切碎，油炸花生去皮擀碎，葱、姜、蒜切碎备用。

❖ 食材切碎、擀碎后更容易出味。花生不必擀得太碎，颗粒状的花生更香更脆。

4. 将鲜酱油、料酒、香醋、糖、香油和辣椒油混合成调味汁。

5. 起油锅，下宽油，油三四成热时下鱼片滑熟。

❖ 锅里的油多放些，会让鱼片很快滑熟，且滑炒效果好。

❖ 注意油温不能太低，否则食材下锅后容易脱浆；油温也不能太高，否则食材容易粘锅。

❖ 为了避免鱼片下锅后粘成一团，最好是用手抓鱼片，将其分散下锅。

6. 捞出控油。

❖ 滑油的时候不要随便翻动鱼片，等鱼片变色后直接倒入漏勺，这样可避免把鱼片碰散。

7. 锅内留底油，爆香葱碎、姜碎、蒜碎、干红辣椒碎和豆豉碎。

❖ 各种调味品用小火煸炒，这样不易煳锅。豆豉碎经过热油的充分煸炒，香味释放得更充分。

8. 添加混合好的调味汁，烧开。

❖ 调味汁烧热后浇淋更能使菜品的味道鲜美醇厚。

9. 趁热浇在滑好的鱼片上。

10. 撒上熟芝麻、花生碎和小葱碎即可。

特 别 关 注

做鱼片的鱼一定要新鲜。也可以用黑鱼、鲈鱼等刺少的鱼替代草鱼。

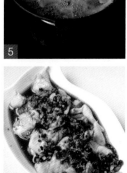

麻辣干煎带鱼

口味特色　将麻椒、辣椒炒香，再放入煎过的带鱼一起煸炒，兜匀出锅，麻辣味的干煎带鱼就能上桌了。这道菜麻辣鲜香，吃起来无比过瘾，嗜辣的朋友绝对不要错过。

原　　料　带鱼500克，生姜1小块，小葱几棵，干红辣椒、麻椒、盐、料酒、淀粉适量

制作过程

1. 带鱼清洗干净，斩头去尾，将中段切成小段，用葱丝、姜丝、料酒和盐提前腌10分钟。

❖ 因为菜品的咸味全靠腌制这一步，所以盐要一次放足。

2. 捡去葱丝、姜丝，滤去水，在鱼身上撒一层淀粉，拌匀。

❖ 腌过的鱼要沥干后才能加淀粉，否则鱼粘的淀粉太多太厚，煎制后影响口感。

3. 平底锅中放入油，烧热，依次下裹好淀粉的带鱼，用中火煎。

❖ 鱼下锅以前抖掉多余的淀粉。

❖ 裹好淀粉的鱼更容易煎好，而且不易破皮。

4. 煎至两面金黄取出。

❖ 想要口感酥脆的话，就多煎一会儿，煎至表面焦黄时取出。

5. 干红辣椒去籽，剪成小段。

6. 利用锅内底油，用小火煸炒干红辣椒和麻椒。

7. 同时下煎过的带鱼段，一起煸炒至麻辣味道浓郁，兜匀离火。

❖ 干红辣椒和麻椒入锅的同时放入煎好的带鱼，这样在加热的过程中散发出来的麻辣味道才会充分浸润到带鱼中，而且用小火煸炒不容易煳。

特别关注

1. 辣椒和麻椒的用量根据自己的口味来定。

2. 带鱼不要用又大、又宽、又厚的那种，一是味道不好，二是不容易入味，三是不容易煎至酥脆。

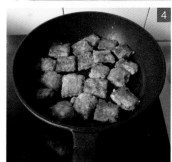

酸菜鱼

口味特色

我很喜欢四川的泡菜和酸菜，那种天然的酸爽味道让人一吃就上瘾。特别是在热油的煸炒和激发下，那酸香味直往鼻孔里蹿，那种嗅觉体验会让人禁不住口水涟涟。喜欢劲爆感觉的，可以在酸香的基础上加上麻辣。这道菜真是让人欲罢不能，能使人一顿连吃三碗饭。

原　　料

黑鱼1000克，酸菜350克，野山椒6个，小米辣6个，花椒20粒，葱、姜、蒜、干红辣椒、盐、料酒、白胡椒粉、淀粉、蛋清、白糖适量

制作过程

1. 酸菜清洗后切碎。

2. 入水浸泡一小会儿，攥干备用。

❖ 酸菜很咸，用之前需要清洗几遍，去除部分咸味。但也不能浸泡太久，否则会没味儿，最好的方法是随泡随尝味道。

3. 黑鱼去鳃去鳞去内脏，清洗沥干之后，从尾部入刀，贴紧脊骨朝鱼头方向片下整片鱼肉，靠近鱼头处，纵切一刀。

❖ 片鱼的时候，要先擦干鱼身上的水，然后一手拿毛巾摁住鱼头，另一只手从尾部入刀，这样操作起来更方便，而且可以防止因打滑而伤到手。

4. 另一侧用同样的方法取下整片鱼肉，鱼骨切成小段备用。

5. 鱼肉肚腩处的大刺用刀片去。

6. 然后刀倾斜45°，片出厚薄均匀的鱼片。

❖ 鱼片厚度要适中，太厚的话，口感不好，不容易入味；太薄则鱼片容易碎。片鱼片时，使鱼皮那面贴在案板上，然后一手摁住鱼肉，另一手按照一个方向斜切，这样方便快捷。

7. 鱼片加入盐、料酒、白胡椒粉、淀粉和一点点蛋清抓匀，腌10分钟。

❖ 提前腌制鱼片，可以去腥、入味、增滑。

❖ 淀粉和蛋清都可以起到使鱼肉嫩滑的作用，蛋清无须放很多，要试着一点点添加，用多了的话，鱼片入锅以后会出现很多浮沫，影响菜的品质。若是蛋清的用量把握不好的话，用淀粉替代也可以。

8. 各种辣椒切碎，葱、姜、蒜处理成小块备用。

9. 起油锅，爆香葱、姜、蒜、辣椒和花椒。

10. 香味浓郁时，下酸菜煸炒出香。

❖ 酸菜下锅之前需要攥干，然后入油锅中充分煸炒。待水分蒸发、酸香味浓时下主料，这样菜品的味道才会浓郁。

11. 添加热水煮开，放入鱼头和鱼骨，开大火煮开，继续用大火煮10分钟。

❖ 用大火滚煮鱼头和鱼骨是为了熬出鲜浓的鱼汤。

12. 烹入料酒，用盐、糖和胡椒粉调味，把煮好的鱼和菜捞入盆中。

❖ 煮好的鱼和菜提前捞入盆中，既能便于进行下一步的制作，也能避免鱼片被鱼骨弄碎。

13. 把腌好的鱼片下入鱼汤中，煮至鱼片变白。

❖ 鱼片要逐片下锅，这样容易熟。放鱼片的速度要快，最好是用手抓鱼片，直接散开放入，这样不仅速度快，而且能保证鱼片煮熟的时间相同。

❖ 鱼片变白即可，不必久煮，否则会失去嫩滑的口感。

14. 连同汤汁一起，倒入盆中。

15. 另起油锅，用小火煸炒干红辣椒和花椒。

❖ 要想口味清淡，这步可以省略，但是菜品的味道会大有区别。

16. 炒至辣椒变为红棕色，浇在鱼上，撒上小米辣碎。

❖ 不能吃辣的，小米辣可以不放。

可以用新鲜的鲶鱼、鲈鱼、草鱼等做酸菜鱼。

水煮鱼

口味特色

如果你喜欢吃水煮鱼，完全可以尝试自己在家动手制作。只要选用新鲜的鱼，备好其他原料，操作起来就很简单了。触类旁通，会做水煮鱼后，水煮肉、水煮鳝鱼、水煮虾等就都可以轻松搞定了。而且，用自家的好油炸出的麻辣香味可不是外面店里能比的。一锅红红火火的水煮鱼，绝对会让你酣畅淋漓，舒心惬意。

原料

新鲜鲈鱼1条，黄豆芽100克，香芹2棵，白菜叶2片，郫县豆瓣酱1大勺，八角1个，桂皮1块，香叶2片，葱、姜、蒜、香菜、干红辣椒、麻椒、蛋清、淀粉、白胡椒粉、料酒、生抽、盐、白糖适量

制作过程

1. 鲈鱼去鳞去腮去内脏，清洗干净，擦干鱼身上的水；从鱼尾处入刀，使刀贴紧脊骨，朝着鱼头水平切。

❖ 擦干鱼身上的水，一是为了减轻腥味，二是为了处理鱼时不会因打滑而伤手。

2. 靠近鱼头处，纵切一刀；另一面用同样的方法取下整块鱼肉。

3. 肚腩处的大刺用刀片掉。

4. 把剔下的整片鱼肉片成厚度均匀的鱼片。

❖ 片鱼片时，令有鱼皮的一面紧贴案板，一手摁住鱼肉，另一手用刀斜着片。鱼片无须片太薄，否则鱼肉易碎。

5. 脊骨剁成小段，鱼头从中间劈开。

6. 片好的鱼片加入料酒、盐、生抽和胡椒粉拌匀，然后添加淀粉和蛋清抓匀，腌10分钟。

❖ 淀粉和蛋清都可以让鱼片更滑嫩，蛋清无须放很多，否则下锅后浮沫太多，影响菜品的口感和品相。

7. 鱼头和鱼骨用料酒、盐腌制。

8. 起锅烧开水，焯烫黄豆芽至断生，捞出沥干，铺在盆底；香芹焯至变色后捞出，铺在黄豆芽上。

❖ 蔬菜焯至断生即可，不必久煮，因为滚烫的鱼汤倒进去以后，菜会继续受热。

9. 起油锅，用少量油把白菜叶炒至断生，铺在香芹上。

❖ 炒软的白菜更容易入味。

10. 起油锅，爆香八角、麻椒、干红辣椒、香叶、桂皮、葱、姜和蒜。

❖ 各种调味品用小火煸炒，煸炒要充分，但注意千万不要炒煳。

11. 添加郫县豆瓣酱炒出红油。

❖ 煸炒郫县豆瓣酱时，需用小火划炒，这样不容易煳锅，而且酱香味道浓郁。

12. 添加热水煮开，下鱼头和鱼骨用大火烧开，继续煮15分钟，添加料酒、生抽、糖和盐调味。

❖ 先煮鱼头和鱼骨，是为了煮出鲜汤。郫县豆瓣酱比较咸，所以注意控制盐的用量。

13. 把腌好的鱼片一片片挑进锅内，轻轻划散。

❖ 若是鱼片多的话，可以用手抓鱼片，然后散开下锅，这样不会因鱼片烹熟时间不一致而影响了口感。

❖ 鱼片下锅后轻轻划散，不要大幅度翻动，否则鱼片容易碎。

14. 用大火煮开后，连鱼带汤倒入铺菜的盆中。

❖ 鱼肉下锅后，煮开锅即可关火，无须久煮，以免影响鱼片嫩滑的口感。

15. 另起油锅，下干红辣椒段和麻椒，用小火慢炸，炸出麻辣香味。

❖ 用小火慢炸，才能让麻辣味道充分释放，而且不会煳锅。干红辣椒炸至呈棕红色时马上出锅。

16. 趁热浇在鱼片上，撒上香菜即可。

❖ 很忌讳油的，可以省略最后烧油浇淋这一步，不过菜品的味道会减色不少。

 **特别关注**

辣椒和麻椒的用量根据自己的嗜麻辣程度来定。也可以用鲜活的草鱼和黑鱼片鱼片。

香辣回锅鱼

口味特色 除了经典名菜回锅肉外，我们还可以以鱼为原料，做一道回锅鱼。把鱼切成块，腌制后入锅炸，之后再次回锅跟炒香的辅料一起煸炒，这样就做成了这道色香味俱全、麻辣诱人的回锅鱼。

原　　料 新鲜草鱼净肉200克，八角1个，香叶2片，干红辣椒6个，小米辣4个，葱、姜、蒜、香菜、料酒、酱油、白糖、白胡椒粉、淀粉、盐适量

制作过程

1. 鱼肉上的大刺片掉。
❖ 擦干鱼身上的水，腌制时鱼更容易入味，而且鱼肉的口感和味道会更好。

2. 鱼肉纵切成1厘米厚的鱼块。
❖ 鱼块厚度要均匀，这样鱼块烹熟时间相同，口感好。
❖ 鱼块不要太薄，否则一是易碎，二是经过煎制和炸制后口感干硬。

3. 鱼块加入盐、料酒、白胡椒粉和淀粉抓匀，腌10分钟。
❖ 鱼提前腌制，可以去腥、入味、改善口感。

4. 葱切段，蒜切片，姜切丝，辣椒和香菜切段备用。

5. 热锅冷油，油热后，下鱼块用大火煎。煎至两面金黄取出。
❖ 用大火煎制，外酥里嫩效果好，也可以用大火炸制。

6. 利用锅内底油，爆香葱段、姜丝、蒜片、辣椒段、八角和香叶。
❖ 用小火煸炒调味品至香味浓郁，这时候下主料会提升整个菜品的味道。

7. 下煎好的鱼块煸炒。
❖ 煸炒的动作要轻，以免碰碎鱼块。

8. 烹入料酒、酱油和一点点热水，用一点点糖调味。
❖ 因为鱼片经过腌制已经有底味了，所以这时候的调味要轻。

9. 翻炒均匀，用大火收汁，撒上香菜段即可出锅。

特别关注

1. 可以用新鲜的黑鱼、鲈鱼、马鲛鱼等少刺的鱼做这道菜。

2. 辣椒的用量视个人喜好而定。

浇汁鱿鱼

口味特色　对于海鲜，我是博爱的，而对其中的鱿鱼，我始终有那么一点点偏爱。鱿鱼除了具备海物的鲜外，还具备肉的香。新鲜的鱿鱼只要烹饪方法得当，吃起来那真是鲜嫩弹牙，令人唇齿留香。这道浇汁鱿鱼，就很好地将鱿鱼的鲜香和辣椒的香辣相融合，把我最爱的味道充分散发出来了。

原　料　鱿鱼1条，干红辣椒4个，大蒜4瓣，生姜1小块，花生油、生抽、料酒、白糖、香醋适量

制作过程

1. 鱿鱼去掉内脏，撕去表面的一层膜，除去触手上的吸盘，沥干备用。

❖ 鱿鱼要足够新鲜，变色的、表面发黏的、有异味的不能用这种烹饪方法。

❖ 撕去鱿鱼表面的那层膜对去腥很有效，而且使鱿鱼口感更佳。

2. 姜、蒜剁成碎末，干红辣椒切成细丝后备用。

3. 姜末、蒜末加生抽、料酒、糖和一点点香醋调成调味汁。

4. 坐锅烧水，水开后，放入鱿鱼焯烫。

❖ 焯烫一是为去腥，二是为烹熟。鱿鱼焯烫时，锅里的水尽可能多放些，这样鱿鱼下锅后能迅速受热变熟，口感脆嫩。

5. 鱿鱼变色、变挺后，马上捞出，放入盆中过凉开水。

❖ 鱿鱼焯制时间一定要合适，若时间太短则不熟，若时间太长则口感发硬。看到鱿鱼整个变白，身子由软变挺时就要马上捞出。

❖ 鱿鱼捞出以后马上过凉水或冰水，这样鱿鱼的口感更弹牙。

6. 鱿鱼沥干，然后切成粗细均匀的鱿鱼圈，摆盘。

❖ 鱿鱼要沥干，否则会稀释调味品，影响菜品的味道。

7. 浇上调味汁，铺上干红辣椒丝。

8. 烧一勺油，油面微有青烟时，趁热浇在辣椒丝上。

❖ 油要热，这样浇淋之后才能激发干红辣椒的香辣味。也可以把干红辣椒放在油锅里炸，然后将辣椒和油一起浇在鱿鱼上。

 **特别关注**

新鲜鱿鱼无须太复杂的调味，以免掩盖其本身的鲜香味道。口味重的，可以在调味汁里添加盐、辣椒油、花椒油、芥末或者其他调味品。

麻辣小龙虾

口味特色 麻辣小龙虾可以算得上是夏夜街边的经典小吃，小龙虾色泽红亮、肉质滑嫩、口味麻辣鲜香，绝对让人越吃越过瘾。

原　　料 鲜活小龙虾1000克，郫县豆瓣酱1大勺，啤酒半瓶，八角1个，葱、姜、蒜、干红辣椒、花椒、香菜、盐、糖适量

制作过程

1. 小龙虾用清水养半天，中间换水。

❖ 小龙虾要食用鲜活的，死的不能吃。小龙虾下锅之前一定要处理干净，用清水养一段时间效果会更好。

2. 一只手用拇指和食指捏住小龙虾的背部，另一只手用牙刷仔细刷洗小龙虾的腹部和头部。

❖ 小龙虾的腹部很脏，一定要逐只仔细刷洗干净。

3. 用手捏住小龙虾尾巴中间那块尾甲，左右摇晃一下，然后往后顺势一拉，就可以完整去掉小龙虾的虾肠。

❖ 虾肠很脏，一定要提前去除。

4. 所有的小龙虾都处理好以后，沥干。

❖ 彻底沥干很重要，否则会影响菜品的口感和味道。

5. 葱切段，姜切丝，蒜拍扁，干红辣椒剪成段。

6. 起油锅，爆香葱段、姜丝、蒜、干红辣椒段、花椒和八角。

❖ 煸炒调味品时用小火，这样才能使各种香味充分释放。

7. 煸炒至香味浓郁时，下入1大勺郫县豆瓣酱炒出红油。

❖ 煸炒豆瓣酱时要用小火不断划炒，一是不容易粘锅，二是香味会更加浓郁，三是炒出的红油漂亮。煸炒时用的油要比平常炒菜时多。

8. 下处理好的小龙虾翻炒均匀。

9. 炒至小龙虾变红卷曲后，添加啤酒至没过食材，用大火煮开。

❖ 啤酒能够起到去腥、提鲜的作用。

10. 盖上锅盖转中火煮，收汁过半时，用盐和一点点糖调味。

❖ 郫县豆瓣酱较咸，所以盐要酌情添加。郫县豆瓣酱可以用自己喜欢的其他辣酱代替。

11. 汤汁收至1/3时，撒香菜出锅。

❖ 汤汁要多留些，将煮好的小龙虾在汤汁中浸泡一段时间，味道会更好。

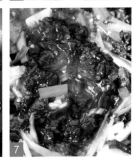

吮指香辣蟹

口味特色 | 先把调味品炒香，然后放入分解后的螃蟹一起煸炒，最后加点热水焖煮。如此这般，不仅螃蟹原有的鲜味不曾改变，还增添了诱人的香辣味道，好吃到吮指！

原　　料 | 海蟹石夹红600克，洋葱半个，大蒜6瓣，生姜1小块，老干妈辣酱1大勺，豆瓣酱1大勺，香菜、小葱、花雕酒、白糖、白胡椒粉、黑胡椒粉适量

制作过程

1. 洋葱、生姜和大蒜分别切成碎末。

2. 螃蟹洗净沥干，揭开蟹盖，去除蟹鳃。

❖ 若使用大海蟹，需要把蟹身一分为二。大的蟹脚、蟹钳，可以提前用刀背拍扁，这样使其更易熟透和入味。

3. 热锅冷油，油热后，爆香洋葱末、姜末和蒜末。

❖ 洋葱、姜末和蒜末用小火充分煸炒，这样能够充分出香。

4. 下豆瓣酱和辣酱用小火煸香，煸出红油。

❖ 用小火划炒，酱香味道会更浓郁。

5. 下螃蟹用大火煸炒。

❖ 螃蟹入锅以后赶紧划散，尽量使其平铺在锅中，这样螃蟹受热均匀，熟得快，口感好。

6. 沿锅边烹入花雕酒，添加一点点糖调味。

❖ 豆瓣酱和辣酱较咸，所以无须再加盐，口轻的甚至可以酌情减少酱料的用量。

❖ 糖是用来提鲜和调和诸味的，无须加太多，以吃不出甜味为宜。

7. 盖上锅盖，用大火煮5分钟。

❖ 螃蟹在焖煮的过程中会被蒸出部分水分，再加上添加了花雕酒，所以无须加水。即便是加水，也要加热水，而且量一定要少，要保证出锅时酱料裹满蟹身。

❖ 螃蟹焖煮的时间要视螃蟹的大小而定。

8. 添加白胡椒粉和黑胡椒粉调味，翻炒均匀。

9. 出锅之前，撒上香菜段和小葱段，翻炒均匀即可。

田园麻辣香锅

口味特色 | 大概没有人没吃过麻辣香锅吧？将各种食材融入一锅，那麻辣鲜香的滋味真是令人回味无穷。今天，咱们就做一个家庭版的麻辣香锅。你可以选择喜欢的食材做成最合自己心意的"一锅香"。

原　料 | 海虾600克，熟玉米1个，土豆2个，有机菜花200克，洋葱半个，生姜1小块，八角2个，桂皮1小块，香叶2片，干红辣椒6个，花椒20粒，郫县豆瓣酱1大勺，高汤或清水、盐、料酒、白胡椒粉、白糖、香菜适量

制作过程

1. 海虾剪去虾枪和虾须，开背，挑去虾线。

❖ 海虾的虾枪很容易伤到人，所以要提前剪掉。

❖ 个头小的虾不必开背。虾线是虾的消化道，若是不去除的话，加热后会影响虾的鲜甜味道。用牙签插入虾背第
　 二节，向上划开挑起，这样可以直接挑出虾线。

2. 用盐、料酒和白胡椒粉腌10分钟。

❖ 虾提前腌制，可以去腥、提鲜，使虾更加入味。

3. 土豆切成手指粗的条。

❖ 土豆条粗细要一致，这样烹熟的时间相同，口感才会好。

4. 玉米切段备用。

5. 起油锅，油热后下海虾用大火炸。

❖ 为了防止虾脑流出，在虾入油炸之前，我在虾开背处沾了层干淀粉，但这个随意，可沾可不沾。

6. 炸至金黄，捞出控油。

❖ 虾用大火炸至表面金黄即可取出。这时候虾的外壳酥脆，虾肉肉质鲜嫩。不要炸久了，以免虾肉变硬、变老。

❖ 虾炸好以后控油要仔细，也可以用吸油纸吸掉部分油脂，以免菜品太油腻。

7. 下土豆条炸至金黄，捞出控油。

8. 菜花清洗之后掰成小朵，入开水中焯烫。

❖ 菜花略烫即可，因为在后面的制作中还要继续受热，若烫太久，会影响其口感和味道。

9. 洋葱和生姜切丝，干红辣椒切段备用。起油锅，爆香八角、香叶、桂皮、花椒、洋葱丝、姜丝和
干红辣椒段。

❖ 用小火煸炒各种调味品，一是不容易煳锅，二是香味释放充分，能提升整个菜品的味道。

10. 煸炒至香味浓郁时，下豆瓣酱煸炒出红油。

❖ 煸炒豆瓣酱时要用小火不停划炒，这样可避免煳锅，而且使香味更浓。

11. 添加高汤（清水也可）煮开，依次添加玉米段、土豆条和菜花，用大火煮开。

❖ 添加鸡汤、骨汤等更好。

12. 添加炸好的大虾，用盐、料酒和糖调味。煮开后关火，撒上香菜段即可。

 特别关注

1. 锅里添加的蔬菜可以根据季节和自己的喜好随意选择搭配。

2. 虾吃完以后，可以用锅里的汤涮青菜、豆腐等。

甜辣虾蓉豆腐饼

口味特色

这道甜辣虾蓉豆腐饼以海虾、豆腐和芹菜为原料，是我为胃口欠佳的挑食的小朋友设计的一道营养开胃菜。取虾肉剁成虾蓉，添加碾碎的豆腐和芹菜碎，然后与鸡蛋清和少许淀粉一起搅打成糊，之后在平锅中煎成两面金黄的小饼，最后用泰式甜辣酱浇汁。不喜欢虾的朋友可以用肉来制作，芹菜可以用香菇、藕、胡萝卜等代替。可以先做成一大张饼再切块，这样会更省事，当然也可以做成丸子，然后用清水煮或是用油煎炸。不喜欢辣味的可以用番茄沙司做调味汁或蘸料。家里若是有挑嘴的娃，就快来试试这款甜辣虾蓉豆腐饼吧。

原 料

新鲜海虾400克，卤水豆腐150克，芹菜2棵，蛋清1个，泰式甜辣酱2大勺，葱、姜、盐、淀粉、料酒适量

制作过程

1. 海虾去头去壳去虾线。

❖ 虾线是虾的消化道，若是不去除的话，受热后会影响虾的鲜甜味道。用牙签插入虾背第二节，向上划开挑起便可以直接挑出虾线了。还有一种方法是摘虾头时不要直接拧断，而是先慢慢转动虾头，然后顺势拉断，这样虾肠也就跟着抽出来了。

2. 把虾肉剁成蓉，不必剁太细。

❖ 呈颗粒状的虾蓉口感更好。

3. 在虾蓉里添加碎豆腐。

❖ 用刀背剁、用勺子碾或者直接用手抓捏，都可以将豆腐处理得很碎。

4. 添加剁碎的芹菜、葱和姜，然后加蛋清和淀粉，用料酒和盐简单调味，搅打成糊状。

❖ 芹菜、葱、姜切得越细口感越好。蛋清和淀粉都可以起到使食材嫩滑的作用，而且会增加黏性。无须过多调味，以免掩盖虾肉的鲜甜味道。

5. 热锅冷油，油烧热后，用勺子舀起糊平摊在锅里。

❖ 糊舀入锅中，可以迅速用勺子背搋压，使其均匀摊开，这样可避免因厚度不均匀而影响了口感和味道。

6. 转小火两面煎成金黄色。

❖ 火太大则容易导致外熟内生，也容易煳锅。

7. 在锅内底油里加进2勺泰式甜辣酱，再加入一点点热水。

❖ 泰式甜辣酱也可以直接浇在煎好的虾蓉豆腐饼上，但先在油锅里烧一下味道会更浓郁。

8. 收汁，撒上切碎的芹菜叶出锅。

特别关注

1. 豆腐的用量不要超过虾蓉，否则不易定型。

2. 不喜欢虾的话，可以用肉制作，芹菜可以用香菇、藕、胡萝卜等代替。

3. 可以先做成一大张饼，然后切成小块，这样更省事，也可以做成丸子，然后用清水煮或是用油煎炸。

豉油辣炒花蛤

口味特色 | 新鲜的花蛤肥嫩多汁，将其白灼或者煲汤便可得到鲜美的味道，若是添加辣椒和豉油与其一起爆炒，做出的菜品鲜中带辣、劲爆爽口、令人回味悠长，是一道绝妙的下酒菜！

原　料 | 花蛤500克，紫皮洋葱半个，八角1个，香叶2片，干红辣椒4个，鲜红辣椒2个，姜、蒜、小葱、料酒、蒸鱼豉油、淡盐水、白糖适量

制作过程

1. 花蛤用淡盐水浸泡半天，清洗干净，沥干。

❖ 花蛤必须选用鲜活的和吐尽泥沙的。若是花蛤有泥沙，可以用加盐的清水浸泡半天，有条件的可用海水浸泡，这样效果最好。

2. 洋葱、生姜切丝，大蒜切片，干红辣椒和鲜红辣椒切圈，小葱切碎备用。

❖ 原料切碎以后，香辣味道会释放得更充分。

3. 起油锅，爆香洋葱丝、姜丝、蒜片、干红辣椒圈、八角和香叶。

❖ 用小火充分煸炒，不容易煳锅，而且炒出的香辣味道浓郁，能提升整个菜品的质量。

4. 下沥干的花蛤，迅速将其平铺在锅中，用大火爆炒。

❖ 洗好的花蛤一定要沥干，带水下锅的话，花蛤熟得慢，从而影响其口感和味道。

❖ 把花蛤平铺在锅中，用大火爆炒，这样使花蛤受热均匀，熟得快，口感鲜嫩。无须过度翻炒，否则会延长花蛤的烹熟时间，容易导致花蛤肉从壳中脱落。

5. 部分花蛤开口时，烹入料酒和蒸鱼豉油，继续用大火翻炒。

❖ 料酒可以去腥、提香、增鲜，蒸鱼豉油可以增味、提鲜。调味要尽可能简单，以免掩盖花蛤本身的鲜味。

6. 大部分花蛤开口以后，添加一点点糖调味，用大火翻炒均匀，关火。

❖ 大部分花蛤开口时就可以关火，余温会让花蛤继续受热，关火晚则花蛤肉易老。

7. 撒入鲜红辣椒圈和葱花，兜匀出锅。

第六章

煎炸烘烤，活色生香

饼铛煎小鱼

回味特色

海鲫鱼虽个头不大，却有一种独特的鲜香味道。用饼铛煎海鲫鱼，少油、省事，煎出的鱼是原汁原味的香，并且连刺都能吃。咬开酥香的外皮，里面的鱼肉洁白细腻、滑嫩绵软，令人唇齿留香、回味无穷。这样烹制出的小鱼，可一条条用手撕着吃，很是过瘾。

原　料　│　新鲜海鲫鱼1000克，盐适量

制作过程

1. 海鲫鱼洗净，去鳞去鳃去鳍去内脏，清洗后沥干备用。

❖ 清洗小鱼比较费时间，需要有耐心。清洗之后的鱼一定要彻底沥干，这样腌制的时候鱼更易入味，煎的时候鱼更容易熟，而且腥味轻。

2. 撒上一层薄盐拌匀，腌10分钟。

❖ 只用盐调味，能凸显海鱼本身的鲜味。也可以根据自己的口味喜好，将鱼做成黑胡椒、香辣、麻辣、孜然、五香等口味。

3. 预热饼铛，浇上油烧热。

❖ 油放多一点，鱼更容易煎黄、煎香。

4. 整齐摆上一层海鲫鱼，用中火煎。

5. 鱼一面变黄后翻面，继续煎另一面。

❖ 鱼一面没有煎黄的时候，不要急于翻动，否则鱼身容易破碎。

6. 鱼煎至两面均有金黄的脆皮时即可出锅。

 特别关注

只要是个头小的鱼都适合用饼铛煎制。大鱼需要分割再煎制，这样鱼易熟、易入味。

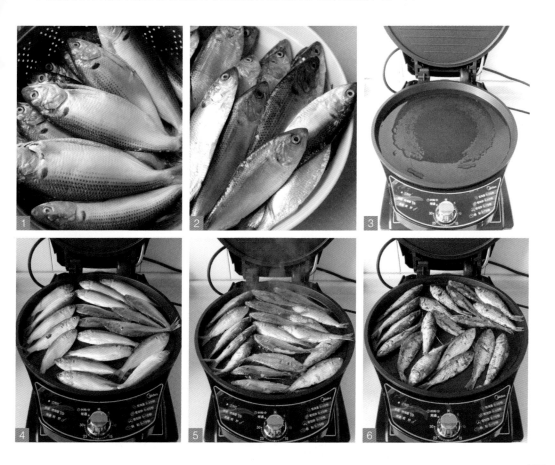

干煎带鱼

口味特色　在所有的烹鱼方法中，除了烤外，我认为干煎应该算是最简捷的了，就算是厨房新手，也可轻松搞定。两种调味品：盐和料酒。两个步骤：腌制和煎制。新鲜的鱼只需用盐和料酒提前腌制，然后在油锅里用小火煎到两面金黄即可。品味着那刚出锅的、香酥的鱼皮和鲜嫩的鱼肉，一定会让你真正理解"最简单的其实最美味，最单纯的其实最持久"中的道理。

原　　料　带鱼中段500克，葱、姜、面粉、盐、料酒、白胡椒粉适量

制作过程

1. 带鱼洗净，斩头去尾取中段，切成均匀的小段。
2. 用盐、料酒、白胡椒粉、葱、姜拌匀，腌制10分钟。
❖ 腌制鱼的时候，可以根据自己的口味、喜好，添加五香粉、辣椒粉、孜然粉、黑胡椒粉等调味品。
3. 捡去葱、姜，使鱼段沾上一层干面粉。
4. 热锅下冷油，油烧热。
5. 铺入沾了干面粉的鱼段，用中火煎。
❖ 下锅前，要把鱼段上多余的面粉抖掉。沾了干面粉的鱼煎制时，不容易粘锅，而且很容易煎黄。
6. 鱼一面煎黄后翻面，煎至两面金黄，取出。
❖ 想要吃嫩口的，鱼煎到两面微有黄色就可以了；若想吃口感酥脆的，可以适当延长煎制时间。

 特别关注

干煎带鱼可以直接吃，也可以蘸椒盐或者番茄酱等食用。

香煎银鱼

口味特色　烹制新鲜的海鱼，还有一种省时、省力、省油的做法，那就是香煎。鱼裹上一层干粉后入锅煎，外皮香酥，鱼肉鲜嫩，营养丝毫没有流失。我用这种方法烹制过很多种鱼，屡试不爽。小黄花和带鱼尤其适合香煎，大一点的海鱼可以先分割再煎。这回烹银鱼我采用的也是这种方法，煎出的鱼原汁原味，味道鲜美。这种做法，即便在时间紧的情况下，也可以让你吃得从容，因为不计准备时间的话，5分钟即可搞定，尤其适合上班族。

原　　料　银鱼200克，面粉、盐、料酒、白胡椒粉适量

制作过程

1. 银鱼洗净，沥干。

2. 添加盐、料酒和白胡椒粉并拌匀，腌10分钟。

❖ 腌鱼时间无须久，以免鱼肉口感变老。

3. 鱼沥干，添加少量干面粉拌匀，使每条银鱼均匀裹上一层薄薄的干面粉。

❖ 鱼要彻底沥干，否则沾粉太多，影响煎鱼的口感。鱼煎制前裹上一层干面粉，更容易煎黄，而且不容易粘锅。

4. 平锅烧热，添加一层薄油。

5. 油热后，把鱼平铺进锅中，用小火慢煎。

❖ 将鱼平铺进锅中，会让鱼受热均匀，使鱼很快熟透。银鱼肉质细嫩，翻面的时候动作要轻，否则鱼肉易碎。

6. 一面煎黄后，翻面继续煎，两面煎黄即可出锅。

 **特别关注**

1. 煎好的银鱼可以直接吃，也可以蘸椒盐、番茄酱等食用。

2. 银鱼还可以用来余豆腐、煎蛋饼、蒸蛋、炒韭菜。

干炸小河鱼

口味特色 | 新鲜的小河鱼先用盐腌制一下，然后入油锅炸制。鱼炸好后咬上一口，酥脆干香，绝对是餐桌上的抢手货。

原　　料 | 新鲜小河鱼500克，葱、姜、盐、椒盐、料酒适量

制作过程

1. 新鲜的小河鱼去鳃去内脏，清洗干净，沥干。

❖ 小河鱼清洗起来费时间，需要有耐心。

❖ 河鱼一定要选新鲜的，不新鲜的淡水鱼不能吃。

❖ 将鱼沥干，腌制的时候鱼才更容易入味。

2. 加入盐、料酒、葱和姜拌匀，腌10分钟。

❖ 鱼炸制前腌制，能很好地去腥、提味。盐要一次放足。

3. 用厨房专用纸擦干鱼身上的水。

❖ 鱼下锅炸制之前，一定要把鱼身上的水擦干，否则溅油、不容易将鱼炸透炸酥、腥味重。

4. 起油锅，油烧至六七成热时，逐条下入小鱼，用大火炸。

❖ 炸鱼的时候一次不要放入太多鱼。太多鱼同时下锅会导致油温迅速下降，这样鱼不容易炸透、炸好，而且费油。应一次放少量鱼，炸好一锅再放下一锅，这样速度快而且效果好。

5. 炸至鱼身干爽、表面微有黄色，捞出控油。

6. 继续加热油，油表面微有青烟时将鱼复炸一次。鱼表面颜色变为金黄时马上捞出，装盘控油，蘸椒盐食用。

❖ 复炸一次是为了让鱼的口感更加酥脆，而且用高温的油炸鱼能逼出鱼身上的部分油脂，使口感不油腻。

 **特别关注**

　　干炸小河鱼一次少做，现做现吃才会口感酥脆。炸好的小河鱼可以直接吃，也可以蘸椒盐或者酱料食用。

酥炸小黄花

口味特色 小黄花鱼个头不大、肉质细腻、味道鲜美，很适合炸着吃。经过两次油炸的小黄花鱼外酥里嫩、鲜香味美，准保让你爱不释口！

原　　料 小黄花鱼500克，鸡蛋2个，葱、姜、淀粉、盐、料酒、白胡椒粉适量

制作过程

1. 小黄花鱼去鳃去内脏，清洗干净，沥干，用盐、料酒、白胡椒粉、葱和姜腌10分钟。

2. 腌好的小鱼裹上一层蛋液。

❖ 蛋液可以让干淀粉粘得更牢固，使炸出来的鱼更香。

3. 然后均匀裹上一层干淀粉。

❖ 干淀粉无须多，裹薄薄一层就行，裹太多会影响炸鱼的口感。裹上干淀粉的鱼更容易炸至外酥里嫩，而且炸出的鱼颜色漂亮。

4. 起油锅，油烧至六七成热时，下入裹好粉的小黄花鱼，用中火炸。

❖ 炸鱼的时候，鱼要逐条入锅，以免粘连。一次少炸，这样速度快、效果好，若一次炸得太多，不但不容易炸好，而且费油。

5. 炸至鱼定型、呈淡黄色，捞出控油。

6. 继续给油加热，油面微起青烟时，倒入鱼复炸一次。炸至鱼金黄时，马上捞出控油。

❖ 第一次炸是为了将鱼烹熟并定型，复炸是为了让炸鱼口感酥脆，同时逼出鱼的一部分油，使炸鱼口感不油腻。复炸的时间不能太久，看到鱼变为金黄色就要马上捞出，以免影响其口感和品相。

👨‍🍳 特别关注

1. 在家中炸鱼，为了不浪费油，可以选用口径小但较深的小锅炸鱼，这样，一次用的油不太多，而锅里的油又不太浅，很容易就能把食材炸透、炸酥，只是一次不能炸太多。分次炸制速度快、效果好。

2. 在家中炸鱼，炸鱼的油只用过一次，扔掉太浪费了，用来炖菜、炖鱼都不错，尽快食用即可。

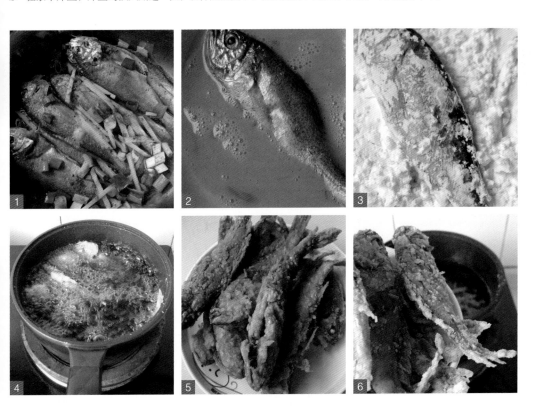

香酥炸带鱼

口味特色　带鱼常见常吃，油炸是最常用的烹制带鱼的方法之一。炸带鱼外酥里嫩，鲜香味美，是一道极受大众喜爱的经典菜品。

原　　料　新鲜带鱼400克，葱、姜、黑胡椒、盐、料酒、生抽适量

制作过程

1. 带鱼处理干净，斩头去尾取用中段，切成4厘米宽的大段。
2. 鱼段双面打上一字花刀。

❖ 鱼肉厚的话，一字花刀需打密些，方便鱼肉入味和快速熟透。

3. 加入葱、姜、盐、料酒和生抽拌匀，腌10分钟，中间翻面。
4. 空气炸锅调至180℃，预热5分钟。
5. 把腌好的鱼段擦干，平铺进炸篮。

❖ 擦干鱼段上的水能减轻腥味，而且使鱼更容易炸熟、炸透。

6. 关上炸锅门，摁下烤鱼键即可。
7. 中间翻面，在鱼身上刷一层薄油，撒上现磨的黑胡椒粉。

❖ 刷层薄油会让炸出的鱼更香。现磨的黑胡椒粉香味更加浓郁。具体烤制时长可视鱼的大小而定，中间可以打开炸锅门观察炸制情况。

 特别关注

没有空气炸锅的可以选用烤箱或者煎锅来制作。

酥香海鲫鱼

口味特色

比起只有一根脊骨而没有小刺的鱼，往往刺多的鱼肉质更加细腻、鲜香，但是吃的时候，挑刺和吐刺确实很麻烦。为了解决这个问题，可以先把鱼炸一下，然后用高压锅焖制。焖制的时候，可以随意添加自己喜欢的调味品。经过这两个步骤处理的鱼味道鲜香，最关键的是鱼头和鱼刺都是酥软的。把鱼放进嘴里，可以放心大胆地咀嚼，不用担心会被鱼刺扎到。

我选用豆豉做调味品，先用油锅将其爆香，调好汁烧开后浇在炸好的鱼上，然后将鱼放入高压锅里充分焖制，鱼出锅后撒些小米辣碎增色、提味。做好的香酥海鲫鱼，无论搭配面食还是米饭，味道都绝佳。

原　　料

海鲫鱼1000克，豆豉2大勺，小米辣8个，八角1个，香叶2片，葱、姜、蒜、盐、白糖、酱油、料酒适量

制作过程

1．海鲫鱼去鳞去鳃去内脏，清洗干净，沥干，用厨房专用纸擦干。

❖ 处理小鱼费时耗力，需要有耐心。把鱼身上的水擦干，可以有效去腥，而且炸制时不溅油，使鱼更易炸熟、炸透。

2．起油锅，油烧至六七成热时，逐条放入海鲫鱼，用大火炸。

❖ 鱼要一条一条下锅，不能一股脑都下锅，否则一是会粘连，二是不容易炸透。

3．炸至表面金黄、干爽，捞出控油。

❖ 刚下锅的鱼不要急着动它，等鱼定型、浮起时再翻面，这样鱼肉不粘连、不破碎。

4．豆豉和小米辣剁碎，葱切段，姜切片，大蒜拍扁备用。

❖ 各种调味品弄碎后更容易出味。

5．锅内留底油，爆香八角、香叶、豆豉碎、葱段、姜片和蒜。

❖ 煸炒调味品时用小火，香味释放更充分。

6．添加适量的热水煮开，用盐、糖、酱油和料酒调味。

❖ 豆豉本身较咸，所以要注意适量用盐。

7．高压锅内铺上炸好的鱼，然后倒入煮好的调味汁，调味汁能没过食材一半就行。

8．用大火煮至压力阀上汽，转中火继续焖20分钟即可。自然排气后取出，撒上切碎的小米辣。

 **特别关注**

1．这种做法很适合刺多的小鱼。除了海鲫鱼外，也可以选用淡水鲫鱼或者其他刺多的鱼。

2．这种方法做出的鱼冷食、热食均可，一次可以多做些，冷藏保存。

3．喜欢麻辣口味的，可以把干红辣椒和花椒添加在调味品里，麻辣程度随自己口味而调整。

葱油烤比目鱼

口味特色　做烤箱菜，除了使用现成的酱料外，还可以按照喜好自制酱料，这样烤出来的可就是你独有的私房味道喽！这次我将八角、香叶、葱、姜和花椒炒香，然后让其跟比目鱼同烤。一道我独家秘制的葱油烤比目鱼就这样征服了家人的味蕾。

原　　料　比目鱼1条，紫皮洋葱1个，八角1个，香叶1片，花椒20粒，香菜1棵，葱、姜、盐、酱油、料酒、白糖适量

制作过程

1. 比目鱼去鳃去内脏，清洗干净，擦干备用。

❖ 鱼腹内的瘀血一定要彻底清除，否则腥味重。用厨房专用纸或者干净毛巾擦干鱼身上的水能减轻鱼的腥味，使鱼在腌制的时候更容易入味，令鱼肉口感好。

2. 给鱼打上一字花刀，用盐、料酒、花椒、葱、姜提前腌10分钟。

❖ 要想口味更加丰富，可以在腌鱼的时候添加自己喜欢的调味品。

3. 烤盘底部铺上一层洋葱丝。

❖ 要想清洗方便，可以在鱼盘最底部铺上一层锡纸。

❖ 洋葱丝受热后可以起到去腥、提味、增香的作用。

4. 腌好的鱼平铺在洋葱丝上，腌鱼用的葱丝、姜丝可以放入鱼腹，鱼表面刷油。

5. 烤箱预热后，鱼盘放入烤箱中层，上下火230℃，烤20分钟。

6. 起油锅，油要比平常炒菜时放得多些，下八角、香叶、姜片和葱段，用小火煸炒。

❖ 用小火煸炒，各种调味品的味道才会充分释放。

7. 煸炒至香味浓郁、葱和姜颜色泛黄时加入酱油、料酒和一点点糖调味。可以适量添加热水，煮开，继续煮5分钟。

❖ 能加点高汤会更好。继续煮一会儿，会让汤味更醇厚。

8. 烤鱼取出。

❖ 烤鱼时间的长短，视鱼肉的厚薄、鱼的大小和自家烤箱的功率而定。想检验鱼是否烤好了，需用筷子拨一下鱼肉，如果鱼肉可以轻易从脊骨上分离，就证明鱼肉已经熟透。

9. 把煮好的调味汁倒入烤盘中，入烤箱继续烤5分钟取出。

❖ 加调味汁后继续烤制，是为了让鱼充分吸收调味汁的鲜香味道。

10. 撒上香菜段和香葱段即可。

特别关注

1. 用来烤制的鱼，一定要新鲜。

2. 身体扁平的鱼更适合烤制，大鱼可以分割成小块再烤，这样更容易烤熟。

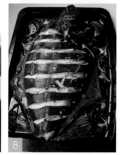

辣椒孜然烤偏口鱼

口味特色 用盐将偏口鱼腌一下，晾上半日，然后慢慢烘烤，再撒上自己喜欢的辣椒粉和孜然粉，没有不好吃的道理！这道菜自家用来下酒、配饭两相宜，用来待客也很有面子，最重要的是烹制时无须任何技巧，零厨艺也能轻松搞定。

原　　料 偏口鱼4条，辣椒粉、孜然粗粉、盐适量

制作过程

1. 偏口鱼去鳞去鳃去内脏，清洗干净，沥干，双面斜打一字花刀。

❖ 打上花刀，鱼更容易入味。花刀要浅，不必深切，否则在后期的烹饪过程中鱼易变形，甚至断开。

2. 鱼用盐抹匀，腌半小时。

3. 放在透气的容器上，晾在通风处半天到一天。

❖ 晾制时间视具体情况而定，晾至鱼皮表面干爽、微缩即可，不必晾得太干、太硬，否则就不再适合烤制了。

4. 晾至表皮干爽。

❖ 偏口鱼经过腌制、风干后再烤制、煎炸或者蒸制，风味独特。

5. 把表皮干爽的鱼摆入烤盘，鱼表面刷层薄油。

❖ 为了方便清洗，烤盘底部可铺锡纸；锡纸上刷层薄油，以免粘连。

6. 放入预热好的烤箱中层，230℃上下火烤5分钟。

❖ 偏口鱼鱼身薄，很容易烤熟，所以不必久烤，以免口感干硬。

7. 取出，刷油，撒上一层辣椒粉和孜然粗粉。

❖ 刷层薄油会让烤出的鱼更香。

❖ 孜然粗粉比细粉味道浓郁，烘干后现磨的孜然粉的味道更好。烤的过程中撒辣椒粉和孜然粉，这使鱼的味道更好。

8. 入烤箱继续烤3分钟。

特别关注

1. 用中等大小的偏口鱼即可，太大的或太小的都不太适合烤制。

2. 具体烤制时间视鱼的大小、鱼肉厚薄和自家烤箱的功率而定。

黑胡椒柠檬烤秋刀鱼

口味特色
用烤箱做菜，最突出的优点是操作简单、便捷，不仅可以使人远离油烟，而且使菜品的味道与口感毫不逊色于用其他烹饪方法制作出的菜品。这款黑胡椒柠檬烤秋刀鱼，就是一道做起来简单，却能受到大伙儿赞誉的烤箱菜。柠檬汁和黑胡椒附着在鱼肉上，在高温的烘烤下散发出纯正浓郁的芳香，让人闻到就忍不住要流口水。

原　　料　秋刀鱼6条，柠檬1个，盐、黑胡椒适量

制作过程

1. 秋刀鱼去鳃去内脏，清洗干净，沥干。
2. 双面斜打一字花刀。

❖ 秋刀鱼肉厚，花刀需打细密些、打深些，这样鱼更容易入味。

3. 加入盐、柠檬汁、现磨的黑胡椒粉并拌匀，腌10分钟。
4. 烤网刷层油，依次摆上腌好的秋刀鱼。

❖ 烤网上刷层油再放鱼，鱼皮不容易粘在烤网上。

❖ 烤箱底部需要放置铺了锡纸的烤盘，这样方便清理。

5. 放入预热好的烤箱中层，上下火230℃，烤8分钟。

❖ 烤制时间视鱼的大小和自家烤箱功率而定。

6. 取出，两面刷上橄榄油，鱼身上撒上一层薄盐和现磨的黑胡椒碎。

❖ 烤制的过程中撒盐和黑胡椒碎，烤出的鱼会更香，现磨的黑胡椒的味道会更浓郁。

7. 继续入烤箱烤10分钟，中间翻面一次。
8. 取出，挤上鲜柠檬汁即可。

 特别关注

1. 盐、黑胡椒和柠檬汁是这道菜最基本的调味品，可以根据自己的口味与喜好添加其他调味品。

2. 烤鱼、烤肉时，柠檬汁被广泛应用，因为它除了可以去腥、提鲜和调味外，还能够降低高温烤制的食品对人体的损害。

3. 烤制过程中多刷几次油，效果会更好。

重庆烤鱼

口味特色　风靡大小餐馆、味道麻辣鲜香、让人欲罢不能的重庆烤鱼，其实在家也能做出来。自制重庆烤鱼可以自己选料、炒料，吃着放心，味道又好，是很值得在家尝试的一道大菜。

原　　料　新鲜鲤鱼1000克，豆腐皮2张，秋葵6个，菜花1块，香芹6根，小葱1把，生姜1块，大蒜6瓣，香菜2棵，洋葱半个，八角1个、香叶2片，桂皮1段，花椒20粒，郫县豆瓣酱1大勺，老干妈豆豉辣酱1大勺，干红辣椒、盐、白糖、料酒、白胡椒粉、高汤或清水、酱油适量

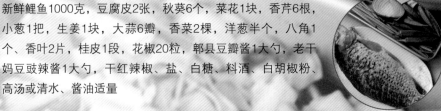

制作过程

1. 鲤鱼去鳞去鳃去内脏，清洗干净，擦干鱼身上的水，双面斜打一字花刀，然后从腹部入刀，在脊骨处纵切一刀，把鱼分成两半，使鱼保持背部相连。

❖ 擦干鱼身上的水，能减轻鱼的腥味，使鱼在腌制的时候更容易入味。

❖ 打上花刀，鱼更容易入味，也更易快速熟透。

❖ 鱼分成两半，可以缩短烤制时间。

2. 将葱、姜、盐、料酒、白胡椒粉、酱油在鱼身上抹匀，腌10分钟。

❖ 腌制鱼的时候，要将调味品在鱼腹内和鱼头上抹匀，这样鱼才能充分入味。

3. 把各种蔬菜洗净切好，豆腐皮切宽条备用。

4. 腌好的鱼捡去葱、姜，铺入烤盘，铺前在盘底刷油。

❖ 盘底刷油，可以防止鱼与盘粘连。

5. 烤箱预热后放入鱼，230℃烤至鱼表面干爽。取出，在鱼身上均匀刷油，入烤箱继续烤15分钟。

❖ 刷油能让烤出的鱼香气四溢。烤制时间可视烤箱功率和鱼的具体情况而定。

6. 把蔬菜和豆腐皮分别焯烫，捞出沥干。

7. 生姜切片，大蒜拍扁，葱切大段，豆瓣酱剁碎备用。

❖ 调味品切碎后更容易出味。

8. 起油锅，爆香八角、花椒、香叶、桂皮、干红辣椒、葱、姜和蒜。

❖ 用小火充分煸炒各种调味品，香味浓郁，能提升整个菜品的品质。

9. 添加豆瓣酱和辣酱，炒出红油和香辣味。

❖ 煸炒酱料的时候用小火划炒，这样不容易煳锅，酱香味道会更浓郁，炒出的红油颜色更漂亮。

10. 添加高汤或者清水，烧开，用盐和糖调味，继续煮5分钟。

❖ 豆瓣酱和老干妈豆豉辣酱较咸，而在腌鱼的时候已经加入了盐和酱油，所以煮汤的时候要注意控制盐的用量。

11. 添加各种蔬菜煮开。

❖ 蔬菜已经提前焯烫过，所以无须久煮，煮开就行。

12. 调味汁和蔬菜倒入烤鱼的深盘中。放入烤箱，继续烤5分钟，取出。

❖ 调味汁和蔬菜加入之后继续烤5分钟，鱼更入味，香气更浓郁。

特别关注

1. 也可以选用刺少肉多的草鱼、黑鱼和鲈鱼等做这道菜，鱼重一斤半到两斤比较合适，太大了不容易烤透。

2. 烤鱼的麻辣程度视个人喜好而定。喜麻辣味道的可以在鱼出炉的时候将现炸的干红辣椒油和花椒油浇在鱼上。

葱姜爆河虾

口味特色　先用热油把河虾炸一下，再用葱、姜爆锅，然后把虾回锅，加入调味品煸炒。这样烹制出的河虾外壳酥脆、虾肉鲜美、香味浓郁，绝对让人上瘾。

原　　料　新鲜河虾400克，小葱1把，生姜1块，料酒、盐、生抽、白糖适量

制作过程

1. 河虾洗净，沥干备用。

❖ 虾沥干后再炸，不溅油，更容易炸至酥脆。

2. 生姜切丝，小葱切段备用。

3. 起油锅，油烧至七八成热。下河虾，用大火炸至变色，捞出控油。

❖ 用大火炸制，虾更容易熟，不费油，口感好。

4. 继续加热油，待油面微有青烟时下河虾复炸至外壳酥脆，捞出控油。

❖ 第一次炸制，是为了把虾炸熟；第二次炸制，是为了把虾炸至酥脆，同时逼出虾的部分油脂，减少油腻感。

❖ 第二次炸制的时间不要过长，炸六七秒钟即可。

5. 另起油锅，爆香葱段、姜丝。

❖ 葱、姜煸炒至变软、变黄、香味飘出时再下河虾，这样葱、姜的味道会更浓郁。

6. 下炸好的河虾翻炒。

7. 沿锅边烹入料酒，添加盐、生抽和一点点糖调味。

❖ 口轻的可以不加盐。

8. 翻炒均匀即可出锅。

 **特别关注**

　　可以用韭菜代替葱、姜，用小海虾代替河虾。虾可以不经过油炸直接爆炒，这样更能凸显虾本身的鲜甜味道，另外，少油更健康。

软炸大虾仁

口味特色　很多人说油炸食品不健康，但在我看来，油炸是必不可少的。自己在家做油炸美食解解馋，满足一下口腹之欲，提升一下幸福感，有何不可呢？热油翻滚，将食材放下去，发出一阵阵热闹的声响，金黄色的泡泡爆裂开来，让浓郁的香气散发到空气中，然后氤氲、扩散……这才是烟火的味道、家的味道、让人想念的记忆中的味道。

原　　料　海虾500克，蛋清1个，淀粉、盐、料酒、白胡椒粉适量

制作过程

1. 海虾去头去壳去虾线。

❖ 虾线是虾的消化道，若是不去除的话，加热后会影响虾的鲜甜味道。用牙签插入虾背第二节，向上划开后挑起，就可以直接去除虾线。还有一种方法是摘虾头时不直接将头拧断，而是先慢慢转动，然后顺势将虾头拉断，这样虾线也就跟着一起抽出来了。

2. 虾开背，使虾保持腹部相连。

❖ 开背的虾更容易入味，也更容易炸熟、炸透。使虾保持腹部相连是为了美观。

3. 加入盐、料酒和白胡椒粉抓匀，腌15分钟。

4. 腌制好的虾加入蛋清和淀粉抓匀。

❖ 蛋清和淀粉都可以使虾的口感更滑嫩。

5. 起油锅，油温升至七八成热时，逐只放入上了浆的虾。

❖ 上了浆的虾要逐只下锅，否则易粘连。若是虾多的话，要分次炸制，不要一次都下入锅中，否则，不仅炸制的速度慢，而且费油、影响口感。

6. 虾炸至定型后捞出控油。

7. 把锅里的油烧至微有青烟，复炸一次，待虾颜色金黄时迅速捞出。

❖ 第一次油炸是为了将虾炸熟、定型，复炸是为了让虾口感更酥脆。

8. 控油装盘，趁热食用。

❖ 炸好的虾趁热食用，口感最佳。

 特别关注

1. 现剥的虾的口感和味道比冷冻过的虾好。

2. 虾不大的话不必开背。

3. 炸好的虾可以直接吃，也可以蘸椒盐、番茄酱等自己喜爱的调味品食用。

自制虾干

口味特色　虾干做下酒菜很合适，但我更愿意把它当作一种休闲小食品，特别是新鲜的、原味的那种。看着电视、聊着天，一边剥壳，一边吃肉，鲜香四溢，让人爱不释口。虾干有晒出来的，有烤出来的，我更喜欢烤出来的。海虾本来就鲜，咸鲜的海虾经过高温烘烤，会散发出一种天然的纯粹的香。烤制过程中，空气中弥漫着的美妙滋味，让人垂涎欲滴。

原　　料　海虾500克，葱白1段，姜3片，盐、料酒适量

制作过程

1. 海虾清洗干净。

2. 剪去虾枪和虾须。

❖ 虾枪尖锐，容易伤到手，所以要提前剪掉。

3. 添加葱白、姜片和能没过虾的水，用大火煮开。

❖ 煮虾的水不必放很多，以免鲜味流失。水只需刚刚没过虾，再少一点也可以。

4. 添加盐和料酒，继续煮2分钟，关火。

❖ 无须过多调味，以免掩盖海虾本身的鲜味。见虾身弯曲即可关火，无须久煮，以免虾肉变老。

5. 将虾在煮好的盐水中浸泡30分钟。

❖ 煮好的虾在盐水中浸泡一会儿会更易入味。

6. 取出沥干，逐只平铺在烤盘中。

7. 放入预热好的烤箱中层，上下火180℃烤30分钟左右，中间要翻面。

❖ 具体烤制时间视虾的大小、烤箱功率和个人口味而定，以虾壳和虾肉分离为基本标准。

煮虾的汤不要丢弃，可以另作他用。

铁板鱿鱼

口味特色 在家做人见人爱的铁板鱿鱼，食材新鲜，量足味美，吃得健康，吃着放心。

原　料 鱿鱼300克，洋葱1个，盐、味精、辣椒粉、孜然粒和孜然粉适量

制作过程

1. 鱿鱼洗净，去掉内脏、吸盘和鱿鱼嘴，撕去表层的膜。

❖ 鱿鱼一定要选择没有异味、没有变色、身体柔软、表面有光泽、有弹性、新鲜的。

❖ 撕去鱿鱼表面的膜，可以去腥，使鱿鱼口感好。

2. 鱿鱼沥干后，切成大小均匀的鱿鱼块。

❖ 腌制之前，鱿鱼一定要沥干，否则腥味重、不容易入味。

3. 切好的鱿鱼添加盐、味精、辣椒粉、孜然粒和孜然粉，搅拌均匀。

❖ 孜然粉和孜然粒一起用，风味尤佳。如果用现炒的孜然粒磨成粗粉，味道更棒。只用这几种调味品的话，味道
  简单纯正，当然也可以根据自己的口味、喜好添加其他调味品。

4. 洋葱切丝备用。

5. 铁板置于火上，烧热，加点油。

6. 另起油锅，油烧热后下腌制好的鱿鱼，鱿鱼要迅速在锅底铺匀。不要急于翻炒，等鱿鱼变色、变
挺时再翻炒。

❖ 鱿鱼不要炒太久，否则口感发艮。鱿鱼变色、变挺时就可以马上出锅，这时候的口感脆嫩鲜香。

7. 烧热的铁板上铺一层洋葱丝。

8. 洋葱的香味散发出来之后，把翻炒均匀的鱿鱼铺在洋葱上，趁热上桌。

❖ 因为我的铁板小，所以要把鱿鱼炒到九分熟再铺到烧热的铁板上。若是铁板足够大，腌制好的鱿鱼可以直接用
  铁板煎。

蒜蓉烤牡蛎

口味特色　把调好的蒜蓉汁倒在牡蛎肉上，放入烤箱高温烘烤。当浓郁的蒜香弥漫在空气中时，就已形成一种巨大的诱惑，更不必说入口的滋味了。

原　　料　牡蛎8个，大蒜1头，小米辣2个，橄榄油1勺，生抽、料酒适量

制作过程

1. 牡蛎逐个清洗，用刷子把壳刷干净。

2. 用锋利的器具撬开牡蛎壳，去掉平的一半壳。

❖ 牡蛎壳总是一半相对较平，一半凸起。撬牡蛎壳时注意，要掌心握住凸起的一半，去掉平的一半，这样牡蛎壳里面的鲜汤才可以很好地保留。

❖ 撬牡蛎壳的时候要小心，避免弄伤手。

3. 大蒜用蒜臼子捣成蒜泥。

❖ 捣出来的蒜泥比剁出来的蒜末味道浓。

4. 蒜泥添加生抽、料酒、小米辣碎和橄榄油，搅拌成蒜泥汁。

❖ 蒜泥汁中可以添加炒至金黄的蒜末，这样风味更佳。

5. 把调好的蒜泥汁浇在牡蛎肉上。

6. 牡蛎逐个放入烤盘。

7. 烤箱预热，牡蛎放入烤箱中层，上下火230℃烤5分钟，取出。

❖ 喜欢口感嫩的，烤3分钟即可。

图书在版编目（CIP）数据

鱼！虾！蟹！ / 灯芯绒著 . —北京：北京科学技术出版社，2017.2（2018.12 重印）
ISBN 978-7-5304-8723-5

Ⅰ．①鱼…　Ⅱ．①灯…　Ⅲ．①鱼类－菜谱　②虾类－菜谱　③蟹类－菜谱
Ⅳ．① TS972.126

中国版本图书馆 CIP 数据核字（2016）第 291332 号

鱼！虾！蟹！

作　　　者：灯芯绒

策划编辑：张晓燕

责任编辑：邵　勇

责任印制：张　良

图文制作：北京八度出版服务机构

出 版 人：曾庆宇

出版发行：北京科学技术出版社

社　　　址：北京西直门南大街 16 号

邮政编码：100035

电话传真：0086-10-66135495（总编室）

　　　　　 0086-10-66113227（发行部）0086-10-66161952（发行部传真）

电子信箱：bjkj@bjkjpress.com

网　　　址：www.bkydw.cn

经　　　销：新华书店

印　　　刷：北京捷迅佳彩印刷有限公司

开　　　本：720mm×1000mm　1/16

印　　　张：14.5

版　　　次：2017 年 2 月第 1 版

印　　　次：2018 年 12 月第 4 次印刷

ISBN 978-7-5304-8723-5/T・907

定价：39.80 元